Günther Schleussner

Les petits oiseaux exotiques

Ulmer

ANIMAUX DE COMPAGNIE

Sommaire

Avant-propos 5

Ce que tout débutant doit savoir 6

Que sont les oiseaux exotiques et d'où viennent-ils ? 6
Comment vivent-ils dans la nature ? 10
Comment les oiseaux exotiques se reproduisent-ils ? 12

Les petits oiseaux exotiques dans la maison 18

Réflexions préalables 18
Il est important de bien préparer l'arrivée des oiseaux 21
Où achète-t-on des oiseaux exotiques ? 22
Le choix des oiseaux 23
Le transport et les premiers jours dans leur nouvelle maison 25

Un hébergement correct 26

Les cages – la solution minimale 26
Beaucoup mieux, la volière d'intérieur, la « chambre à oiseaux » et le jardin d'hiver 29
Le nec plus ultra – une volière de jardin avec abri 32
L'aménagement qui convient 34
Les tâches régulières 38
Un oiseau exotique tout seul, ça n'a pas de sens 39
Les oiseaux exotiques entre eux 40
... et avec d'autres oiseaux 41

La nourriture qui convient 42

La base de l'alimentation 42
Les compléments 45
Minéraux, oligoéléments et vitamines 47

Quand les oiseaux exotiques font des petits 48

Conditions 48
Préparatifs 48
L'incubation 51
L'élevage est réussi – et après ? 53

La santé 54

Identifier les symptômes de la maladie 54
Mesures à prendre en cas d'urgence 56
Les problèmes de santé les plus fréquents 57

Une sélection de petits oiseaux exotiques 62

En préambule 62
Les espèces domestiquées 64
- Diamant mandarin (*Taeniopygia guttata*) 65
- Moineau du Japon (Bengali) (*Lonchura striata* var. *domestica*) 66
- Padda de Java (Calfat) (*Padda oryzivora*) 67

Autres espèces fréquemment proposées 68
- Amadine cou-coupé (*Amadina fasciata*) 68
- Beaumarquet melba (*Pytilia melba*) 70
- Sénégali vert (*Mandingoa nitidula*) 70
- Astrild cendré (*Estrilda troglodytes*) 71
- Amarante du Sénégal (*Lagonosticta senegala*) 72
- Sénégali enflammé (*Hypargos niveoguttatus*) 73
- Sénégali sanguin (*Spermophaga haematina*) 74
- Cordon-bleu violacé (*Granatina ianthinogaster*) 75
- Cordon-bleu à joues rouges (*Uraeginthus bengalus*) 75
- Bengali zébrés (*Sporaeginthus subflavus*) 77
- Bengali rouge (*Amandava amandava*) 77
- Diamant à gouttelettes (*Stagonopleura guttata*) 78
- Diamant à queue rousse (*Bathilda ruficauda*) 79
- Diamant de Bichenov (*Stizoptera bichenovii*) 79
- Diamant à longue queue (*Poephila acuticauda*) 80
- Diamant tricolore (*Amblynura trichroa*) 81
- Diamant de Gould (*Chloebia gouldiae*) 82
- Capucin à dos marron (*Munia malacca*) 84
- Capucin damier (*Lonchura pustulata*) 84
- Capucin domino (*Lonchura striata*) 85
- Capucin nonnette (*Spermestes cucullatus*) 86
- Capucin bec-d'argent (*Euodice cantans*) 87

Annexes 89

Avant-propos

Avez-vous déjà été dans la situation suivante ? Vous vous trouvez dans la volière d'un jardin zoologique, à l'exposition annuelle du club ornithologique local, ou bien peut-être encore devant la vitrine d'une animalerie et vous contemplez, fasciné, le manège effréné d'une bande de petits oiseaux multicolores. L'idée d'avoir des oiseaux vous avait déjà souvent traversé l'esprit. Les perruches sont pour vous trop bruyantes, les perroquets, il n'en est pas question à cause de la force destructrice de leur bec, et un mainate en liberté dans la maison ne vous enchante pas non plus.

Page de gauche : un Diamant de Gould dans toute la splendeur de ses couleurs.

Mais ces minuscules oiseaux-là, avec leur magnifique plumage bigarré, leurs cris si discrets et qui sont si vifs ? Et qui portent des noms qui font rêver ! Amadine, Diamant, Amarante, Capucin ou Cordon-bleu – plus vous restez là à vous interroger, plus l'évidence s'impose : ce sont bien des oiseaux exotiques qu'il vous faut !

Vous êtes déjà nombreux à être tombés sous le charme de ces oiseaux délicats, et chaque jour apporte son lot de nouveaux convertis ! Quant à moi, plein d'enthousiasme, j'ai pris la décision de m'occuper professionnellement de ces oiseaux, qui ont largement influé sur le cours de ma vie.

Vous n'êtes, bien sûr, pas obligé de pousser aussi loin l'aventure. En tant que néophyte, votre but est d'abord de faire en sorte que vos petits protégés restent en bonne santé et vivent le plus longtemps possible. Cet ouvrage est fait pour vous aider dans cette tâche. Il se propose de vous accompagner dans le monde passionnant des oiseaux exotiques et de vous initier pratiquement aux principes de base qui permettront de réussir leur adaptation, leur entretien et leur élevage. Dans un deuxième temps seulement, les lecteurs un peu plus expérimentés y trouveront aussi des indications susceptibles de les intéresser. Quoi qu'il en soit, que vous soyez débutant complet ou que vous ayez déjà fait vos premiers pas (espérons-le réussis) comme propriétaire d'oiseaux exotiques, je vous souhaite beaucoup de plaisir en leur compagnie.

G. Schleussner
Printemps 2002

Ce que tout débutant doit savoir

Page de droite : un grand nombre d'espèces d'oiseaux exotiques vivent dans des paysages de rizières en terrasses et de bambouseraies, comme ici, dans l'île indonésienne de Célèbes.

Sans connaissances de base, ça ne peut tout simplement pas marcher ! Cette réflexion vaut aussi pour ceux qui envisagent d'avoir des oiseaux exotiques. Vous trouverez donc dans ce chapitre les réponses à quelques questions importantes concernant la biologie de ces oiseaux, qui vous permettront de connaître et de comprendre plus facilement leurs besoins. Rassurez-vous, il n'est pas indispensable pour cela d'être docteur en ornithologie...

D'où viennent-ils ?

Par « petits oiseaux exotiques » on entend un groupe (une famille pour parler scientifiquement) de petits, voire de minuscules oiseaux chanteurs, essentiellement granivores. Leurs représentants les plus menus, avec un poids de moins de huit grammes et un corps d'environ neuf centimètres de long, font partie des animaux véritablement nains du monde des oiseaux.

Dans nos contrées, les plus proches parents des oiseaux exotiques sont le moineau commun, bien connu de tous, et le moineau friquet, entretemps devenu plus rare.

La plupart des espèces se caractérisent par un plumage aux couleurs plus ou moins éclatantes, les mâles et les femelles pouvant arborer des teintes identiques ou différentes. Elles n'ont cependant rien à voir avec les oiseaux bien de chez nous, tels que le pinson, le bouvreuil ou le chardonneret. Elles comptent parmi leurs plus proches parents les tisserins, originaires d'Afrique et du Sud-Est asiatique, et le groupe des veuves, purement africain. Les oiseaux exotiques ont des liens tout particuliers avec ces dernières, comme nous le verrons dans un chapitre suivant. Ils ont également un rapport assez étroit, dans l'histoire de leur évolution, avec la famille des passereaux.

On pense actuellement que les oiseaux exotiques seraient originaires d'Afrique. En faveur de cette hypothèse le fait que c'est là que l'on trouve la plus grande diversité d'espèces et que la plupart des oiseaux qui leur sont proches y sont aussi

Certains oiseaux exotiques comme ce Diamant à longue queue s'établissent à proximité de l'homme, et trouvent même des endroits originaux pour se poser.

naturellement établis.

Ils se répandirent vers l'Orient, à partir du continent africain, du sud de l'Asie et de l'Asie du Sud-Est jusqu'en Australie en passant par les îles du Pacifique. C'est l'Australie surtout qui, en l'occurrence, fut pour ces migrateurs la terre d'accueil offrant des possibilités quasi illimitées. Il ne s'y trouvait pas en effet d'autres oiseaux granivores susceptibles de leur faire de la concurrence. C'est ainsi qu'en toute logique, l'Australie devint la deuxième aire de répartition des oiseaux exotiques. En revanche, ces derniers ne purent jamais s'établir sous les latitudes du Nouveau Monde.

Ils vivent aussi bien dans les territoires désertiques à semi-désertiques que dans les forêts de pluie tropicales sempervirentes, avec ce que cela implique comme obligation de s'adapter aux différents milieux naturels. Citons comme exemple la manière de boire qu'ont les oiseaux habitants les régions sèches d'Australie. À la différence de presque tous les autres oiseaux, ils ne doivent pas lever la tête après chaque gorgée, mais sont capables au contraire de prendre en un seul coup la quantité d'eau nécessaire. Ils réduisent ainsi considérablement le temps passé à l'endroit où ils boivent (et limitent du même coup le risque d'être victimes d'un prédateur). Beaucoup d'espèces d'oiseaux exotiques ont réussi à s'acclimater à un environnement façonné par l'homme. Ils vivent en permanence à ses côtés, tout proches de lui, et élèvent leurs petits au cœur des cités, à l'image de nos moineaux.

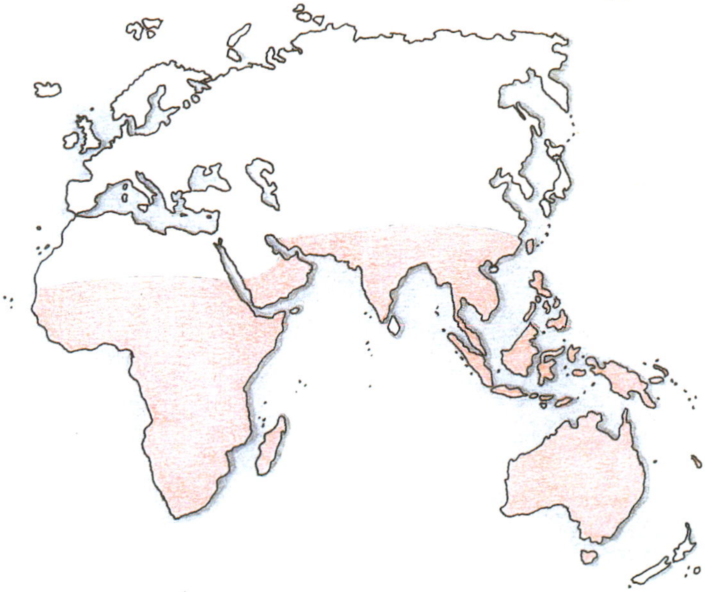

Les oiseaux exotiques peuplent de vastes régions dans trois continents, l'Afrique, l'Asie et l'Australie.

En haut à gauche : désert australien, en haut à droite : savane d'épineux en Afrique, en bas à gauche : forêt de pluie en Asie du Sud-Est-les oiseaux exotiques sont partout chez eux.

À l'intérieur de leur aire de répartition, l'habitat des différentes espèces d'oiseaux exotiques est très diversifié.

Enfin, certains d'entre eux ont été apportés par l'homme dans des parties du monde qui n'étaient pas leur aire de répartition naturelle. Même dans le sud de l'Europe, au Portugal, on en trouve aujourd'hui deux espèces qui se reproduisent et couvent normalement.

Comment vivent-ils dans la nature ?

Les petits oiseaux exotiques, à part quelques rares exceptions, sont pleins de vie et très sociables. En dehors de la période d'incubation, ils vivent en petites bandes, parfois même en groupes plus importants. Ils communiquent entre eux au sein du groupe par de simples petits cris. Les soins mutuels du plumage (ils se lissent réciproquement les plumes) et le fait de rechercher le contact avec un congénère (deux oiseaux sur une même branche se rapprochent l'un de l'autre jusqu'à se toucher) contribuent à consolider les liens chez beaucoup d'espèces. Des activités telles que la quête de nourriture, boire, se baigner ou se reposer sont exécutées au même moment par tous les membres du groupe. La synchronisation des comportements individuels se réalise souvent grâce à l'émission de sons spécifiques. Certains même ne veulent pas, durant la nuit, se priver de la présence de leurs congénères. Ils ne dorment pas n'importe où sur une branche, mais édifient des nids spécifiquement dans le but d'y passer la nuit en bonne compagnie. Ils peuvent s'y retrouver alors à une douzaine, voire plus encore, pour faire un somme jusqu'au petit matin.

Les petits oiseaux exotiques sont très sociables.

Au début de ce chapitre, nous vous avons présenté ces oiseaux comme appartenant au groupe des granivores. La plupart d'entre eux cependant diversifient leur alimentation et n'hésitent pas, par exemple,

Toutes les activités se font en commun chez les oiseaux exotiques : ici des Diamants à longue queue et des Diamants masqués en train de boire.

Des comportements sociaux tels que les soins mutuels du pelage et la position de contact contribuent au renforcement des liens dans le couple et à la cohésion du groupe.

quand ils couvent, à consommer une nourriture animale sous forme d'arachnides, d'insectes, de larves et d'autres encore. Mais ceux d'entre eux qui se nourrissent exclusivement d'insectes sont vraiment l'exception. Si l'on en croit la « règle ornithologique » qui veut que les granivores aient un bec conique puissant et les insectivores un bec effilé ressemblant à des pincettes, on peut, en fonction de la forme du bec des oiseaux exotiques, tirer quelques conclusions sur la manière de se nourrir de chaque espèce. Mais là encore, il n'y a pas de règle sans exception ! Ceux qui vivent en liberté dans la nature complètent leur menu par de jeunes pousses, des bourgeons et des fruits. Enfin, les minéraux et les oligoéléments, directement prélevés dans la terre, sont aussi importants.

Un moyen important de communiquer dans le groupe consiste à adopter certaines attitudes expressives, telles que des mouvements rythmiques des deux ailes ou le balancement horizontal ou vertical de la queue.

Comment les petits oiseaux exotiques se reproduisent-ils ?

Chez les oiseaux vivant sous les tropiques, les facteurs qui déterminent le moment favorable à la reproduction sont différents de ceux qui conditionnent cette fonction chez les oiseaux de nos latitudes. De nombreuses espèces vivent dans des zones arides. Il n'est donc pas étonnant que la pluie devienne alors un facteur déclenchant important. Les oiseaux exotiques des savanes africaines et des forêts sèches de l'Asie du Sud et du Sud-Est asiatique peuvent compter sur des précipitations à des moments précis de l'année et se préparer, grâce à leur horloge interne, à entrer dans la période de couvaison. À l'intérieur de l'Australie, en revanche, les chutes de pluie sont très irrégulières. Il pleut souvent plusieurs fois de suite, à faibles intervalles, puis il ne tombe plus une seule goutte des années durant. Les oiseaux qui y vivent doivent par conséquent être prêts à tout moment à « démarrer », pour ne manquer aucune occasion de se reproduire. Cela pourrait être la dernière avant longtemps ! On peut qualifier d'opportuniste une telle stratégie. Le problème se pose de toute autre manière pour les oiseaux exotiques peuplant les forêts de pluie. Leur environnement leur offre en permanence des conditions favorables qui ne les rendent pas tributaires des caprices du temps. Ce qui compte surtout en l'occurrence, c'est que les partenaires soient tous deux prêts en même temps à la reproduction, qu'il y ait en somme synchronisation dans le couple.

La recherche du partenaire

Les couples s'isolent de plus en plus du groupe, et les mâles font entendre fréquemment leur chant un peu rauque et orné de trilles. Même le plus convaincu des fans de ce genre d'oiseaux admettra que ces derniers ne font pas partie des artistes chanteurs bénis des dieux, du moins pas selon notre échelle de valeurs... Mais peu importe finalement ; ce modeste chant du mâle ne nous est pas destiné, il vise exclusivement à séduire les femelles et n'a absolument pas pour fonction de marquer son territoire. L'intensité sonore en est faible, comparé au chant de la plupart des autres oiseaux qui, perchés bien en vue, font résonner haut et fort leurs prétentions territoriales à la face du monde !

Contrairement aux tisserins, leurs proches parents, les oiseaux exotiques mâles -à une exception près- ne se parent pas d'un plumage nuptial particulier. Leur comportement ritualisé en sera d'autant plus démonstratif.

Alors que les Diamants mandarins mâles entreprenants atteignent leur but sans aucune allusion symbolique à la construction du nid...

...les mâles d'autres espèces portent dans leur bec, une brindille ou une plume, lors de la parade nuptiale.

Le chant s'accompagne d'une singulière danse de parade nuptiale qui, pour l'essentiel, est constituée de balancements du corps vers l'avant et vers l'arrière. Souvent le mâle tourne sa tête et sa queue en direction de la femelle et lui présente ses plumes hérissées sur son flanc. Et pour bien montrer le sérieux de leurs intentions, les mâles de presque toutes les espèces africaines et de certaines d'Australie apportent en plus dans leur bec une brindille ou une plume pour symboliser la construction du nid. Si une femelle se montre impressionnée par ce numéro de séduction, elle tourne alors également sa tête et sa queue en direction du danseur. Et pour finir l'invite à s'accoupler, en s'inclinant et en remuant rapidement la queue de haut en bas.

La construction du nid et la ponte

Ensuite le mâle et la femelle choisissent ensemble un endroit convenable pour construire leur nid. Certaines espèces nichent directement au sol, d'autres dans des buissons de petite taille, au milieu des roseaux ou bien encore au sommet des arbres. Chose curieuse, beaucoup d'oiseaux construisent leur nid de préférence à proximité immédiate d'aires d'oiseaux de proie, mais aussi de nids de guêpes.

Nid de Cordon bleu à joues rouges dans les branches d'un acacia.

Tous les œufs des petits oiseaux exotiques sont d'un blanc pur.

Et si vous vous posez la question de savoir pourquoi, allez voir simplement une fois de plus près avec quel art un tel nid est construit...

Les deux partenaires travaillent ensemble à la construction du nid. La tâche du mâle consiste à rapporter des environs les différents matériaux que la femelle, restée sur place, utilisera pour façonner le nid. Un nid d'oiseaux exotiques est sphérique ou en forme de poire, entièrement couvert et possède une entrée latérale avec parfois –selon les espèces– une sorte de couloir d'entrée, long ou simplement ébauché. Certaines espèces, décidées à ne pas trop se fatiguer, jettent leur dévolu sur des nids abandonnés d'autres oiseaux, des tisserins le plus souvent. Ils n'ont alors plus qu'à faire quelques travaux de restauration et d'aménagement intérieur... Quelques jours après la fin de la construction du nid, la femelle commence à pondre ses quatre à six œufs, sachant que la couvée peut être plus importante. Il fait assez sombre à l'intérieur du nid sphérique, quasiment fermé, de sorte que la coquille des œufs n'a pas besoin de posséder des couleurs de camouflage.

Incubation et élevage des petits

Les œufs sont couvés à partir du troisième ou quatrième œuf. Le mâle et la femelle se relaient pour cela toutes les heures et demie environ. Au passage de relais, il n'est pas rare de voir le mâle apporter à la femelle un cadeau sous la forme d'un brin d'herbe ou d'une plume, employés sans attendre à la construction du nid. En laboratoire, les œufs se développent en une petite douzaine de jours, mais la durée normale est de quatorze jours environ. Les oisillons fraîchement éclos sont clairs, couleur chair, mais prennent une teinte nettement plus foncée au cours des tout premiers jours de vie. Leur corps est recouvert d'un duvet grisâtre ou blanc, ou bien est entièrement nu. Dans le gosier des oisillons, on peut voir le dessin de cinq points noirs, à droite et à gauche de la base de la langue, et celui d'un arc en forme de demi-lune sur la face interne de la mandibule inférieure. Ce schéma change beaucoup selon les espèces. Mais ce n'est pas tout : les oisillons de certains oiseaux exotiques présentent en plus des protubérances de couleurs différentes aux coins du bec. Ces dernières se sont dans quelques cas transformées en véritables organes lumineux capables de réfléchir le peu de lumière ayant pénétré dans le nid.

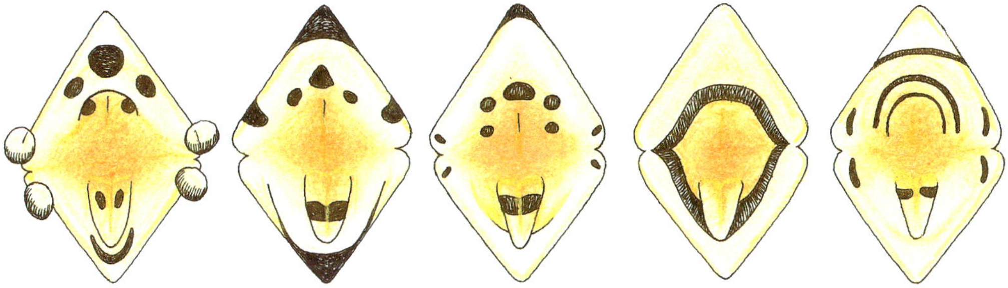

Diamant de Gould | Cordon bleu à joues rouges | Amarante foncé | Capucin bec-d'argent | Capucin nonnette

Les oisillons des différentes espèces d'oiseaux exotiques présentent dans leur gorge des marques distinctives de formes variées. Chez le Diamant de Gould, les papilles au coin du bec sont d'un bleu/blanc éclatant !

Caractéristique remarquable chez les oisillons : les dessins dans leur gosier, sous forme de points et de traits noirs, qui sont uniques en leur genre chez les oiseaux.

Les marques dans la gorge chez ce jeune Sénégali sanguin permettent à ses parents de le reconnaître à coup sûr.

Quémander et donner la nourriture semble se faire parfois dans des positions inconfortables.

La manière qu'ont les oisillons de réclamer la becquée est également singulière. Au tout début, ils tendent leur cou en biais vers le haut. À partir d'une semaine environ, ils tiennent leur tête sur le côté, le corps entier étendu sur le sol et le bec tourné vers les adultes. Ces derniers font remonter de leur jabot une partie de la nourriture broyée et la fourre directement dans le gosier des petits.

L'hygiène du nid laisse vraiment à désirer. En effet, contrairement à beaucoup d'autres oiseaux, les parents n'évacuent pas les fientes des oisillons et ne les consomment pas non plus. C'est pourquoi les parois des nids où ont vécu des couvées sont toujours tapissées d'une épaisse couche de déjections sèches. Mais les petits réussissent malgré tout à prendre leur envol... proprement !

Les petits grandissent

C'est à l'âge de trois semaines assez précisément que les jeunes quittent le nid pour la première fois. Les choses, en fait, ne se font pas d'un coup, mais plutôt progressivement, puisqu'ils reviennent encore au nid les premiers temps pour y passer quelques heures. Quelques jours plus tard, ils essaient par eux-mêmes de trouver de la nourriture, et après deux autres semaines environ, ils deviennent entièrement autonomes. Au bout d'à peu près deux mois, les pattes et le bec commencent à arborer leur couleur définitive. Les jeunes se développent à la vitesse grand V ! Même si souvent plus d'une demi-année se passe avant que les femelles « songent » à fonder une famille, certaines sont déjà en mesure de pondre des œufs viables, alors même qu'elles n'ont pas encore atteint leur troisième mois.

Quand ils ont entre huit et douze semaines, les petits muent et perdent alors leur plumage de jeunesse unicolore pour revêtir leur livrée d'adulte multicolore

Les Veuves, parasites des couvées

Lorsque quelque part dans la savane africaine des oiseaux exotiques couvent leurs œufs ou rapportent au nid de la nourriture pour la couvée affamée, ils ne peuvent jamais être sûrs que leurs efforts profiteront uniquement à leur propre progéniture. Il existe en effet une famille d'oiseaux, les Veuves, qui ont pour spécialité de déposer leurs œufs dans les nids des autres oiseaux et de les faire couver par ces derniers, qui auront de plus la charge d'élever les petits intrus ! Ce comportement porte un nom, le parasitisme.

Comme le montre l'exemple bien connu du coucou, ces parasites ne font pas toujours dans la dentelle. Dès son éclosion, le jeune coucou européen commence à passer par dessus bord, vers une mort certaine, les œufs de la famille d'accueil ou ses frères adoptifs fraîchement éclos. Cette méthode radicale présente un inconvénient majeur : parasiter une trop grande quantité de nids, signifie du même coup l'élimination d'un grand nombre de poussins qui auraient fait plus tard de bons parents adoptifs pour les coucous de la future génération. Les Veuves ont trouvé une solution plus élégante à ce problème. Les petits des veuves grandissent aux côtés de leurs frères et sœurs adoptifs. Pour être pris en charge par leurs hôtes involontaires, ils se transforment en copies parfaites des oisillons de la famille parasitée. La supercherie n'est découverte qu'au début de la mue. Mais à ce moment-là, les jeunes Veuves ne sont plus, depuis longtemps, dépendantes de leurs parents d'adoption.

Le parasitisme des couvées a été « découvert » au moins cinq fois par les oiseaux. Presque toutes les formes de parasitisme ont en commun le fait que la survie des oisillons parasites dans le nid occupé passe par l'élimination planifiée des jeunes de la famille « d'accueil ».

Paddas de Java gris.

Les petits oiseaux exotiques dans la maison

Dans les chapitres précédents, vous avez appris quelque chose sur l'origine, la manière de vivre et le comportement des oiseaux exotiques. Ils vous sont très sympathiques, et vous vous dites : allons de ce pas en acheter... Mais, encore un peu de patience ! Pour que, dans votre enthousiasme, vous ne passiez pas à côté de points importants, il vous faut bien réfléchir encore une fois, sans émotion aucune, avant de vous décider.

Page de droite : Diamant de Gould. Il n'y a pas que les couleurs de son plumage qui sont époustouflantes, son comportement aussi est tout sauf ennuyeux.

Réflexions préalables

Le catalogue de questions qui suit (qui n'a pas la prétention d'être exhaustif) et les réponses qui y sont apportées doivent vous aider à vous orienter. Les points abordés le sont sans ordre défini. Certains, dans votre situation particulière, seront considérés comme prioritaires, d'autres comme de peu d'importance, c'est à vous d'en juger.

Ce qui compte avant tout

Faire entrer chez vous des oiseaux exotiques est une affaire qui doit concerner tous les membres de la famille. Chacun doit pouvoir s'exprimer à ce sujet et faire valoir ses arguments, et ce pas simplement pour des raisons de pure forme.

Combien d'espace et d'argent faut-il ?

Les petits oiseaux exotiques sont tout petits et ont des exigences modestes pour ce qui est de leur hébergement. Malgré tout, une cage ou une petite volière d'intérieur prennent autant de place qu'une bibliothèque.

Le prix d'achat des oiseaux et les frais courants pour la nourriture et l'entretien ne sont en soi pas très importants. En revanche, l'acquisition d'une volière, accessoires compris, vous coûtera quelques centaines d'euros. Si vous avez quelques aptitudes manuelles, l'investissement se limitera alors aux seules dépenses pour l'achat des matériaux. Prenez aussi en compte, dès le début, le fait que beaucoup de ces oiseaux, s'ils sont bien entretenus, vont chercher à se reproduire, si bien que vous devrez prévoir entretemps la possibilité d'augmenter la capacité d'accueil.

Leur style de vie

Les oiseaux sont des animaux routiniers, et les petits oiseaux exotiques ne dérogent pas à la règle. Il donc est important pour leur bien-être que leur vie quotidienne soit bien réglée. Faites-vous la grasse matinée le week-end ou restez-vous très tard, le soir, devant la télé? Si tel est le cas, faites en sorte que vos oiseaux soient dans une pièce à part, loin de vos activités, et qu'ils puissent vivre selon le rythme régulier de l'alternance du jour et de la nuit. Il existe aussi toute une série de tâches quotidiennes et hebdomadaires, mais même irrégulières, qui ne peuvent être repoussées. Il faut par conséquent être sûr qu'une personne les assume consciencieusement jour après jour.

Un risque pour la santé?

Vous trouvez les oiseaux exotiques intéressants parce qu'ils sont, entre autres, d'une remarquable vivacité, et vous n'êtes pas de ceux qui sont agacés par ces minuscules oiseaux qui sautillent et volettent sans cesse. Cependant, il faut que vous sachiez que toutes ces voltiges aériennes soulèvent des tourbillons de petites plumes, parties de graines, grains de sable et autres poussières qui se déposent aux abords immédiats de la cage ou de la volière.

Le respect des règles d'hygiène élémentaires s'impose au propriétaire d'oiseaux exotiques, comme d'ailleurs à ceux qui ont d'autres types d'animaux familiers. Il existe par exemple un risque, infime certes, d'attraper au contact des oiseaux une zoonose (c'est-à-dire une maladie infectieuse des animaux transmissible à l'homme). Si donc quelqu'un de votre famille est allergique, il serait bon, par mesure de précaution, de lui faire passer des tests. Vous épargnerez des tracas inutiles à la personne concernée et vous ferez l'économie d'oiseaux dont vous auriez de toute façon à vous séparer.

Remarque

Les particules de poussière ou de plumes en suspension dans l'air peuvent, comme agents pathogènes, provoquer des réactions allergiques. Pensez-y si vous avez un allergique dans la famille.

Leurs relations avec les enfants

Oui et non! Les petits oiseaux exotiques s'habituent sans difficulté à la présence de l'homme, mais en pratique ne s'apprivoisent pas aussi bien qu'un perroquet ou qu'une perruche ondulée. Les petits enfants se montrent en général déçus de leurs tentatives d'approche qui n'aboutissent pas et perdent alors vite l'intérêt qu'ils portaient aux nouveaux locataires.

Ce sont les espèces les plus familières qui montrent au spectateur tout le catalogue de leur savoir-faire et qui lui permettent de pénétrer dans l'intimité de leur vie familiale. Une heure (ou disons quelques minutes) passée à observer la volière en apprendra vraisemblablement plus à vos enfants sur les processus biologiques qu'un documentaire sur les animaux à la télévision. Et ce sera sûrement plus passionnant que les cours de bio au collège !

Avec d'autres animaux de compagnie ?

Vous avez chez vous peut-être d'autres animaux familiers, à plumes ou à quatre pattes. Si ce sont des oiseaux, il faudra, pour différentes raisons, les mettre dans des cages ou volières à l'écart, histoire de maintenir une distance indispensable avec les nouveaux venus. Il en va de même pour les lapins nains, cochons d'Inde, gerbilles et autres petits animaux. Quant à votre chien, il est sûrement suffisamment bien élevé pour que vous puissiez lui faire comprendre de laisser tranquilles les oiseaux. De toute façon, au bout d'un certain temps, la plupart des chiens ne s'intéressent plus à ces minuscules volatiles. Les choses se compliqueront seulement si vous avez un, voire plusieurs chats dans la maison. Les mouvements vifs des oiseaux réveillent en effet chez ces tigres d'intérieur les instincts assoupis des chasseurs. Il est donc recommandé, du moins quand personne n'est de garde à la maison, de séparer ces animaux de manière efficace.

Il est important de bien préparer l'arrivée des oiseaux

Une fois que tous les membres de la famille seront tombés d'accord pour faire entrer les oiseaux exotiques dans la maison, vous pourrez enfin commencer concrètement les préparatifs.

Même si votre intention est de placer les oiseaux dans une grande volière, il n'est pas inutile non plus d'investir dans l'achat d'une cage. Non seulement elle servira aux nouveaux arrivants de lieu de transition pour s'acclimater, mais elle vous permettra aussi de mettre à l'écart du reste de la bande des oiseaux insupportables, d'isoler les malades ou bien encore de séparer de leurs parents des jeunes devenus autonomes.

L'aménagement d'une cage d'adaptation doit être simple et se limiter à des perchoirs et à des récipients pour l'eau et la nourriture. Pour ces derniers, des soucoupes de pots de fleurs en terre cuite, plates et vernissées, font très bien l'affaire. Couvrez le sol de papier journal, facile à remplacer, et sur lequel vous pourrez sans difficulté trouver et examiner les fientes que les oiseaux y auront déposées. Pour la plupart des espèces, la nourriture doit, les premiers jours, se réduire à un mélange sec de graines et à des épis de millet, qui sont faciles à digérer. Il serait bon également de se procurer un chauffage par infrarouge de 150 ou 250 watts qui, comme source de chaleur supplémentaire, peut aider un oiseau à surmonter d'éventuelles difficultés d'adaptation.

A SAVOIR

Le premier abri qui convient le mieux pour les nouveaux arrivants est une cage pas trop petite, ouverte sur un seul côté (voir page 28).

Les oiseaux exotiques supportent en général bien le transport et le dépaysement si, de votre côté, vous faites correctement les choses. Quoi qu'il en soit, ayez toujours un œil sur eux les premiers jours qui suivent leur arrivée chez vous. Celle-ci aura lieu de préférence un week-end ou lors d'un congé, ce qui vous permettra de voir les problèmes d'installation qui se posent et de prendre alors les mesures qui s'imposent.

Où achète-t-on des petits oiseaux exotiques ?

Les livres s'achètent dans une librairie, la nourriture dans un supermarché et les oiseaux dans une **animalerie**. Il n'y a là rien à redire, à condition que le personnel de ces différents commerces ait les compétences nécessaires. Sur place, prenez le temps de bien observer. Les oiseaux mis en vente font-ils bonne impression ? Le magasin est-il propre ? N'y a-t-il pas un nombre trop élevé d'animaux ? Si l'idée que vous en avez est positive, il ne vous reste plus alors que l'embarras du choix parmi les nombreux oiseaux proposés. Par ailleurs, un commerce spécialisé digne de ce nom offre en même temps une gamme variée d'aliments et d'accessoires utiles. Un vendeur dit sérieux doit toujours se tenir à votre disposition pour répondre à toutes vos questions. L'inconvénient quand on se rend dans ces commerces spécialisés est qu'on n'obtient généralement aucune information sur l'âge et les antécédents des oiseaux proposés à la vente. C'est là que réside peut-être l'avantage de s'adresser directement à un éleveur.

Remarque

La loi sur la protection des animaux détermine précisément le niveau de compétences requis pour faire le commerce des bêtes. C'est aux vétérinaires qu'il revient de veiller à faire respecter l'application de ces règlements.

Ce Diamant de Gould paraît de prime abord en si bonne forme que vous pourriez l'acheter les yeux fermés.

Celui-ci n'a en général que peu d'oiseaux d'élevage à proposer. Mais il est capable de donner des indications précises sur leur date de naissance et sur la manière dont ils ont été entretenus jusqu'alors. Il est conseillé par principe d'aller prendre livraison des oiseaux directement chez le vendeur.

Acheter dans une **bourse aux oiseaux** ou sur un petit **marché aux animaux** équivaut toujours à courir un risque. En effet la transmission de maladies contagieuses au contact de nombreux autres oiseaux d'origines variées n'est jamais tout à fait à exclure. Il reste enfin la possibilité de se procurer des oiseaux exotiques de « **deuxième main** ». Vous êtes désormais bien armé pour vous lancer dans l'aventure. Les journaux locaux et les pages week-end des quotidiens sont pleins d'annonces de gens qui « en raison de... » cèdent leurs oiseaux, accessoires compris. Si donc vous tombez sur l'une de ces annonces, cela vaudrait peut-être la peine de demander des informations plus précises.

Si on se fait livrer les oiseaux par une entreprise de transport, la confiance entre l'expéditeur et le destinataire doit être totale. C'est la raison pour laquelle cette pratique tend de plus en plus à disparaître...

Le choix des oiseaux

Où que vous achetiez vos oiseaux exotiques, ce que vous voulez avant tout, c'est avoir des oiseaux en parfaite santé. Un oiseau en pleine forme est vif et presque toujours en mouvement, a un **plumage bien lisse et collé au corps** et les **yeux ouverts et clairs**. Il est capable de s'imposer aux congénères de son groupe, sans pour autant se montrer agressif. Il picore les graines d'un bec sûr et les décortique rapidement avant de les avaler. Les oiseaux qui n'ont pas l'air d'aller bien ont les **plumes ébouriffées**, les ailes pendantes et les yeux mi-clos, voire

Pour évaluer l'état de santé d'un oiseau, un bon critère consiste à vérifier s'il a été bien nourri. Chez l'oiseau de gauche, le bréchet est très saillant, il est donc trop maigre. Celui de droite est en revanche trop gras, car le bréchet disparaît pratiquement entre les muscles du thorax.

A SAVOIR

Quand on est débutant, c'est au **comportement** de l'oiseau plutôt qu'à certaines caractéristiques physiques que l'on peut juger de son **état de santé**. Laissez-vous donc le temps de choisir et observez-le en toute tranquillité.

complètement **fermés**. Ils sont souvent somnolents et cherchent à se rapprocher des autres oiseaux sans y avoir été invités par ces derniers. Ils **respirent difficilement** et, après avoir déposé leurs fientes, ils font parfois, avec le corps, des mouvements de balancier caractéristiques. Enfin ils se montrent hésitants et ont de la difficulté à se nourrir. Ils se tiennent de longs moments dans leur petite auge à picoter toujours la même graine, sans la dépouiller de son enveloppe, pour finalement ne pas la manger.

Si tout semble vous convenir, essayez alors de garder en mémoire certaines marques distinctives chez l'oiseau (petite zone dépourvue de plumes, masque de couleur etc.) pour demander ensuite au vendeur de vous attraper cet oiseau-là en particulier. On peut alors passer au point suivant du contrôle:

Vous, ou le vendeur, tenez l'oiseau dans la main et vous vérifiez d'abord si les quatre doigts, griffes y compris, sont bien là. Puis assurez-vous que les narines et les yeux ne coulent pas ou qu'il n'y ait pas de croûtes. Soyez attentif au bruit de sa respiration. Pour finir, mettez-le sur le dos et soufflez doucement sur les plumes du ventre et de la poitrine pour voir s'il a été nourri correctement et repérer d'éventuelles malformations.

La poitrine d'un oiseau exotique qui a été bien nourri est rouge foncé et charnue. Le bréchet doit être bien apparent, mais sans être pour autant trop saillant. Chez un oiseau trop gras, il dessine une sorte de sillon allongé profond au milieu du thorax. La région ventrale doit être nettement en retrait par rapport à la poitrine.

Ne faites emballer l'oiseau que si tout vous paraît en ordre, puis allez choisir d'autres candidats.

Le transport et les premiers jours dans leur nouvelle maison

Si vous avez acheté vos oiseaux dans une animalerie, on vous les aura sûrement remis dans une petite boîte de carton. Ce genre d'emballage convient très bien pour un transport d'une durée limitée à quelques heures. Si le retour à la maison prend une demi-journée environ, il est recommandé d'utiliser une petite boîte de transport en bois, spécialement faite pour les petits oiseaux. Elle n'est pas haute, possède sur un côté une ouverture grillagée légèrement oblique et est équipée d'un perchoir, d'une mangeoire et d'un abreuvoir. Sa faible hauteur a pour but d'empêcher les oiseaux de trop voleter et de se blesser à cette occasion.

Une fois arrivé à bon port, vous devez sans attendre, mais dans le calme, les relâcher dans la cage d'adaptation, que vous aurez préparée avec soin. Quand vous les aurez installés, évitez de toucher à la cage et de tourner autour. Essayez également de canaliser la curiosité et l'enthousiasme, d'ailleurs bien compréhensibles, des autres membres de la famille. Les premiers temps, observez les oiseaux régulièrement, mais à une certaine distance, pour tout de suite repérer les comportements anormaux. Si tout se passe comme prévu, vous pouvez, au bout de deux semaines environ, les placer dans leur logement définitif.

Attention !

Une cage avec quatre parois grillagées dans laquelle les oiseaux seraient exposés, sans protection, à toutes les influences extérieures possibles ne convient absolument pas pour le transport des oiseaux exotiques.

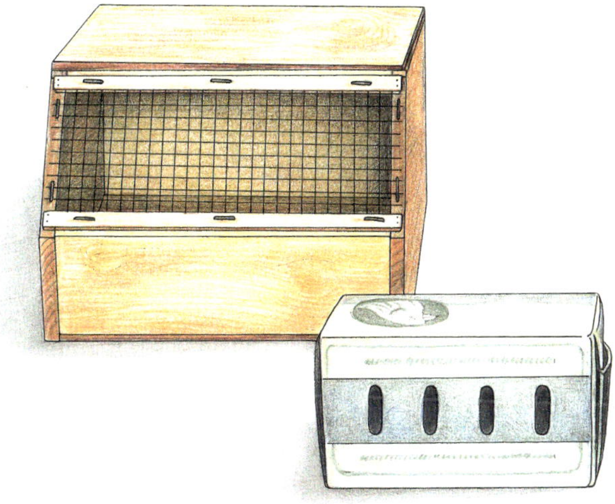

Pour un transport de courte durée, une boîte en carton suffit, mais une boîte en bois spécialement étudiée pour le transport de petits oiseaux leur garantira plus de confort et de sécurité.

Un hébergement correct

Page de droite : C'est seulement lorsque la volière, ou la cage, est correctement aménagée que les oiseaux s'y sentent vraiment chez eux.

Grands oiseaux – grande cage, petits oiseaux – petite cage. Après tout ce que vous avez appris jusque-là sur les oiseaux exotiques, vous sentez bien qu'une formule aussi simpliste ne pourrait pas s'appliquer à ces derniers. Ce serait en effet une erreur lourde de conséquences d'héberger ces oiseaux dans ces cages minuscules pour perruches ondulées que l'on trouve encore malheureusement dans le commerce.

Les cages – la solution minimale

Admettons que vous n'ayez pas beaucoup de place dans votre appartement et que vous vouliez, pour cette raison, n'avoir en cage qu'un couple d'oiseaux. Quelle taille doit-elle faire au minimum ? Les spécialistes s'accordent à dire qu'une cage de 80 x 40 x 40 cm pour les tout petits oiseaux exotiques répond à leurs exigences, et que pour les oiseaux plus gros un abri de 120 x 50 x 50 cm convient tout à fait. Ces dimensions sont raisonnables et leur permettent de voleter un peu. On ne redira cependant jamais assez qu'il s'agit là de valeurs minimales qui ne peuvent, en aucun cas, être revues à la baisse, mais qui au contraire peuvent être bien volontiers revues à la hausse !

Remarque

Les habitants d'une cage assez haute – moins qu'une armoire toutefois ! – ont la possibilité de voler non seulement à l'horizontale, mais encore de faire des « piqués », du moins des voltiges en biais, vers le haut et vers le bas. Ces exercices sont très fatigants pour les oiseaux, mais ils maintiennent leur corps en bonne forme.

Les connaisseurs vous diront qu'aux formes carrées ou rondes il faut préférer sans hésiter une cage rectangulaire. Les oiseaux y ont moins de difficultés à se repérer dans l'espace. Il n'y a rien à objecter contre les cages qui se développent en hauteur, aussi longtemps que le rapport entre la hauteur et la longueur reste relativement équilibré.

Les petits oiseaux comme les oiseaux exotiques ont une foule d'ennemis naturels. C'est pourquoi il existe **une cage en forme de caisse** qui répond parfaitement à leur besoin permanent de sécurité. Elle n'est grillagée que sur le devant, les trois autres parois étant pleines, en bois, en plastique ou dans n'importe quel autre matériau. Ce type de cage présente entre autres avantages celui de protéger des courants d'air ses occupants et de laisser propre ce

qui se trouve autour, parce que le fond est hermétiquement fermé. Son seul inconvénient réside dans le fait que l'intérieur peut rester assez sombre si la source de lumière est trop éloignée. Autrefois, on utilisait beaucoup un modèle, désormais passé de mode, semblable à celui décrit ci-dessus, mais avec une **paroi frontale en verre** coulissante à la place du grillage.

Attention

Placer la cage comme séparation au beau milieu d'une pièce est la pire des erreurs de débutant que vous puissiez commettre.

Il existe aussi la **cage « ouverte »**, c'est-à-dire une cage dont toutes les parois, y compris le dessus, sont grillagées et qui est donc fondamentalement différente des deux types précédents. L'air et la lumière y pénètrent de partout, sans obstacle, et l'ensemble donne l'impression de transparence et de légèreté. Son poids est nettement inférieur à celui d'une cage-caisse de taille comparable, ce qui constitue un avantage non négligeable quand il faut la manipuler. Ces cages sont aujourd'hui le plus souvent tout en métal ou également en plastique. Les artisans qui font des cages selon les méthodes traditionnelles sont peu nombreux. Ils utilisent pour le cadre de fines baguettes de bois de hêtre et les tiges métalliques passent à la verticale à travers des trous faits avec la plus grande précision. 10 millimètres, c'est l'intervalle qui convient entre les barreaux d'une cage pour oiseaux exotiques. Le choix d'une cage est de toute façon affaire de goût. Si vous choisissez soigneusement son emplacement, vous pouvez très bien opter pour une cage aux parois entièrement métalliques ou en bois dur comme alternative à la cage aux parois pleines.

La cage qui convient le mieux pour loger les petits oiseaux exotiques est celle qui n'est grillagée que sur le devant.

Il existe toute une série de critères généraux, indépendants du type de cage, qu'il faut prendre en compte au moment de lui trouver une place. Tous les oiseaux se sentent d'autant plus en sécurité, et donc d'autant mieux, qu'on les installe suffisamment en hauteur par rapport à une personne qui se tiendrait à côté d'eux. C'est pour cette raison qu'on ne doit jamais placer la cage à une hauteur inférieure à celle d'une table. Au moment de choisir son emplacement dans une pièce, trois choses sont à considérer. D'abord, il faut placer contre un mur la paroi arrière de la cage, et même l'une des parois latérales pour les cages dites ouvertes, afin d'offrir aux oiseaux une protection sur leurs arrières, si importante pour eux. Veillez en outre à ce que le maximum de **lumière du jour** pénètre à l'intérieur de la cage. C'est dans les cages aux parois fermées que des zones d'ombre étendues se forment lorsque l'angle d'incidence de la lumière n'est pas favorable. Choisissez enfin un emplacement le plus éloigné possible de la porte de la pièce, de préférence même contre le mur opposé. Vous éviterez ainsi d'arriver par surprise dans l'angle mort et de provoquer alors bien involontairement la panique chez les oiseaux.

Ensuite il est important, en relation avec le changement nécessaire de litière à intervalles réguliers, que la cage soit équipée d'un fond avec un **tiroir** fait dans un matériau inoxydable. Le tiroir, une fois enlevé, laisse une ouverture qu'un clapet doit fermer pour éviter que les oiseaux ne s'échappent. Pour que l'intervention à l'intérieur de la cage se déroule sans trop de stress pour vous et les oiseaux, il faut les retenir dans une moitié de la cage au moyen d'une séparation, pendant que vous nettoierez l'autre. Vous procéderez ensuite en douceur au changement de côté pour nettoyer la deuxième moitié de la cage. Cette cloison de **séparation** rend également service quand on veut attraper un oiseau ou contrôler l'état du nid par exemple.

Beaucoup mieux, la volière d'intérieur, la « chambre à oiseaux » et le jardin d'hiver

Si vous n'avez pas de problème de place, optez alors pour une volière d'intérieur. Une grande partie de ce qui a été dit précédemment à propos des différentes cages vaut aussi pour la volière. Vu ses dimensions plus imposantes, sa structure et le respect des proportions entre longueur, hauteur et profondeur n'ont pas autant d'importance que pour une simple cage.

Pour jouer pleinement son rôle, la volière ne doit pas avoir un volume inférieur à un demi-mètre cube. Il est évident qu'au delà toutes les dimensions sont permises.

Dans une volière, rien n'empêche les oiseaux de voltiger comme bon leur semble.

Les petites volières d'intérieur se placent, comme les cages, à hauteur de table. Vous ne pourrez envisager d'utiliser tout l'espace du sol au plafond qu'à partir d'une superficie de volière d'environ deux mètres carrés. Équiper ou non votre volière d'un tiroir et d'une séparation dépend aussi de sa taille. Au-delà d'une certaine profondeur, les deux ne sont plus guère réalisables techniquement et n'auraient d'ailleurs plus trop de sens. Une très grande aire de vol offre par ailleurs aux oiseaux suffisamment de possibilités de s'éloigner au moment des travaux de nettoyage.

On choisira son emplacement en tenant compte de ce qui a été dit à ce propos sur les cages.

Il faut absolument que vous veilliez à ce que la porte de votre volière ait des dimensions suffisantes et qu'elle soit placée au bon endroit. Sur les volières plus petites, celle-ci doit vous permettre d'accéder à toutes les parties du sol. Dans celles plus volumineuses, vos oiseaux doivent disposer de suffisamment de recul quand vous y pénétrez. C'est pourquoi faire une porte sur l'un des côtés de la volière n'est pas une mauvaise idée du tout. Pour finir, le point le plus important : la hauteur de la porte d'entrée d'une volière pour petits oiseaux ne doit pas dépasser les deux tiers de la hauteur totale. En cas contraire, le risque existe qu'un des oiseaux réussisse à s'échapper.

Beaucoup de fabricants mettent sur le marché des volières en **kits**, à monter soi-même, ou déjà assemblées. L'inconvénient est que le choix des dimensions reste limité. Et si vous cherchez à utiliser au mieux la place dont vous disposez, le **sur-mesure** réalisé par vous-même sera la seule alternative possible. Dans ce cas, utilisez du bois - facile à travailler - pour faire le cadre, sans oublier de l'imprégner d'un produit imperméabilisant. Comme grillage, on recommande un treillis en fil de fer zingué ou, mieux encore, gainé d'un plastique sombre, avec une largeur de maille d'au maximum 12,5 x 12,5 millimètres.
Mais attention ! Pour certains des plus petits oiseaux exotiques, ces mailles peuvent même s'avérer trop larges et être la cause d'accidents fatals.

Un angle de la pièce est l'emplacement idéal pour la volière.

Peut-être disposez-vous de tant de place dans votre appartement que vous pouvez réserver une pièce entière à vos oiseaux ? Cette forme d'hébergement dans une « chambre à oiseaux » était, dans la deuxième partie du siècle dernier, considérée par les pionniers de la modernité comme ce qui se faisait de mieux dans ce domaine. Elle ne s'est en réalité jamais imposée. Une des raisons en est assurément que les logements étaient autrefois aussi petits et chers qu'ils le sont aujourd'hui. Et puis elle présente un autre inconvénient de taille. Il n'y a en effet aucun endroit vraiment pratique d'où l'on puisse observer tranquillement les occupants de cette volière très originale.

Les conditions d'hébergement des oiseaux sont en revanche nettement plus favorables dans un **jardin d'hiver**. L'abondance de lumière du jour – recours à du matériel adéquat, voire à des ultraviolets – et les températures relativement élevées répondent naturellement aux exigences des oiseaux exotiques tropicaux. Les conditions d'observation à partir des pièces adjacentes et du jardin sont satisfaisantes, voire excellentes. Et puis vous pouvez donner libre

Attention

Une volière d'intérieur ne doit pas non plus être installée, comme ça, au beau milieu d'une pièce.

Autre solution possible : une volière au cœur même du jardin d'hiver.

Remarque

Les jours de canicule, vous devrez veiller à ce qu'il y ait suffisamment d'ombre et d'aération dans la volière. Ne faites pas subir à vos oiseaux, même un court moment, des températures supérieures à 35° !

cours à votre créativité en y aménageant un décor constitué de plantes et d'arbustes naturels. Contrairement à une idée largement répandue, la plupart des oiseaux, après un temps d'adaptation, s'habituent aux parois vitrées.

Cependant vos oiseaux exotiques ne se montreront pas très enthousiastes, du moins au début, à l'idée de partager avec vous le jardin d'hiver, et ils vous considéreront comme un intrus dans leur univers. C'est pourquoi, en présence d'espèces craintives, il vaut mieux clarifier les choses et leur abandonner une partie du jardin d'hiver en y installant pour cela une volière ou en créant une séparation à l'aide d'une cloison grillagée.

Le nec plus ultra – une volière de jardin avec abri

Si vous possédez ou louez une maison ou un appartement avec un jardin, vous êtes alors un amateur d'oiseaux exotiques enviable. Vous pourrez en effet – avec l'autorisation des autorités compétentes et/ou l'accord de votre propriétaire – y dresser une volière avec ou sans abri attenant. La durée de vie d'une telle installation dépend naturellement des conditions climatiques de votre région. Il faut savoir aussi que toutes les espèces d'oiseaux exotiques ne sont pas aptes à vivre en volière extérieure sous nos latitudes. Ce séjour en liberté dans de telles conditions se limite en général à une période allant de la mi-mai à la mi-septembre. Mais les avantages sont si importants que vous ne devriez pas en priver vos oiseaux. Faire de l'exercice à l'extérieur, où l'air est toujours moins encombré de poussières et de germes qu'à l'intérieur, quand bien même les pièces seraient bien aérées, l'effet si bénéfique des rayons ultraviolets naturels, la possibilité de se baigner dans l'eau de pluie et beaucoup d'autres choses encore permettent aux oiseaux de se développer pleinement, les jeunes tout particulièrement. Chez les adultes aussi, un séjour en plein air contribue à une nette amélioration de leur état physique et à l'embellissement de leur plumage.

Pour mettre la volière à l'abri des intempéries, il faut en couvrir la partie arrière, un des deux petits côtés et une partie du toit d'un matériau protégeant des eaux de pluie et des courants d'air (pour les volières dotées d'un abri, couvrir également le tiers attenant, et pour les volières sans abri de préférence la totalité du toit). En plaçant les nichoirs et les perchoirs aux bons endroits, on peut inciter les oiseaux à venir passer la nuit dans la partie la mieux protégée de la volière. Pour le bon fonctionnement d'une volière extérieure, il est indispensable qu'elle soit équipée d'un sas à l'entrée, suffisamment grand pour que puisse y être déposé le matériel pour l'entretien.

On peut allonger considérablement la durée d'utilisation d'une

Remarque

Il est important de bien choisir l'emplacement de la volière de jardin. L'idéal est de l'adosser à un mur de la maison, à l'abri des courants d'air, ou même dans un angle exposé au soleil plusieurs heures dans la journée. Le côté ouvert de la volière devra être orienté au sud ou à l'est.

Hébergement quatre étoiles pour les oiseaux exotiques : une volière de jardin avec un abri contigu.

volière extérieure en construisant un abri que l'on peut chauffer, avec une ou plusieurs volières d'intérieur contiguës. Vos oiseaux exotiques pourront, dans ces conditions, rester toute l'année dans cette installation et même, les jours d'hiver assez doux, faire des escapades des heures durant à l'air libre. L'important est que l'abri ne soit pas trop petit. Les oiseaux y passent en fin de compte une grande partie de leur temps. Afin que les oiseaux soient attirés à l'intérieur, il faut que l'abri soit au moins aussi haut, voire un peu plus haut que la volière extérieure à laquelle il est accolé. Des coupoles de plexiglas dans le toit et de grandes fenêtres donnant sur la volière laissent entrer suffisamment de lumière du jour. Une ouverture d'environ 20 x 30 cm suffit pour que les oiseaux puissent entrer et sortir. Cette petite lucarne devra pouvoir s'ouvrir et se fermer par un clapet commandé de l'extérieur par un câble. Les appareils de chauffage et d'éclairage à l'intérieur devront être protégés de telle sorte que ni les oiseaux ni les installations techniques elles-mêmes ne subissent de dommages.

Il existe toute une série d'ouvrages sur la construction et l'aménagement des volières. Ayez cependant toujours à l'esprit qu'un livre, aussi bien fait soit-il, ne peut jamais remplacer l'expérience pratique. C'est pourquoi n'hésitez pas à aller chercher des informations et des idées auprès d'amateurs expérimentés ou dans les parcs ornithologiques et les jardins zoologiques.

L'aménagement qui convient

Une cage, ou une volière, ne constituera un vrai foyer pour vos oiseaux exotiques que si son aménagement intérieur correspond à leurs besoins. Rapportez-vous à ce que sont leurs comportements et leur environnement naturel, cela vous aidera à répondre à leurs exigences. Mais dissipons tout de suite un éventuel malentendu : il ne s'agit pas ici de reproduire jusque dans les plus petits détails le biotope en miniature des oiseaux exotiques. Ce qui est important, c'est que vous puissiez percevoir ce qui est déterminant du point de vue des oiseaux.

Par exemple quand vous installez un point d'eau dans la volière, vous n'avez pas besoin pour cela de reconstituer absolument un petit cours d'eau à l'aide de morceaux de roche. Une simple coupelle en terre cuite, facile à nettoyer, fera très bien l'affaire. Beaucoup plus important : les abords de la volière doivent rester bien dégagés, exempte de végétation haute. Vos oiseaux exotiques se sentiront ainsi en sécurité au moment de boire et de se baigner, sans avoir à craindre d'être surpris sur le territoire d'un ennemi. Mais impossible de faire savoir aux oiseaux que cela ne risque absolument pas d'arriver !

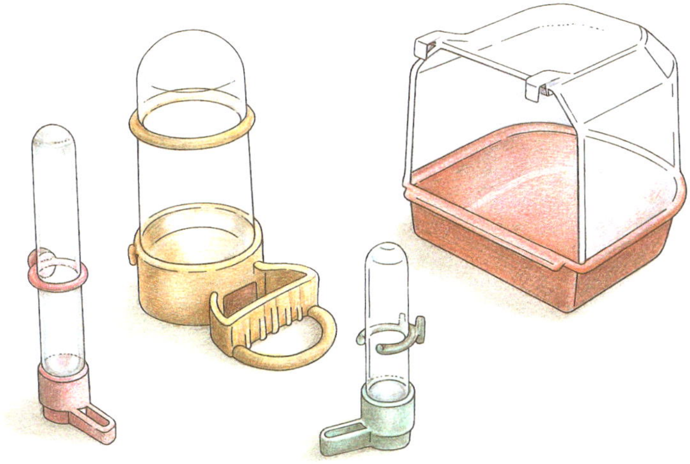

Selon les cas, les distributeurs automatiques et les baignoires en plastique peuvent s'avérer utiles ou sans grand intérêt pour les petits oiseaux exotiques.

Vous pouvez acheter tous les accessoires possibles dans un commerce spécialisé ou les fabriquer vous-même. Tous d'ailleurs ne sont pas forcément utiles dans toutes les situations:

• Il existe de nombreux modèles de **distributeurs automatiques** d'eau et de nourriture, et de toutes les tailles. Ils vous seront bien utiles si vous devez un jour laisser seuls pour quelque temps vos oiseaux et si vous voulez éviter de donner trop de travail à la personne chargée de s'en occuper. Mais ces accessoires automatiques sont difficiles à maintenir propres et présentent toujours le risque de tomber en panne (obturation des réservoirs de graines, fuite d'eau). Leur utilisation doit donc être limitée dans le temps.

• Utilisez les **baignoires** en plastique avant tout si vos oiseaux sont dans une cage ou dans de petites volières d'intérieur. Vous éviterez ainsi que les abords soient tout éclaboussés par les oiseaux qui se baignent. Choisissez-en une équipée d'un dôme transparent et avec une base d'une couleur la moins voyante possible.

• Comme **revêtement du fond** de la cage ou de la volière d'intérieur, mettez de préférence du sable propre et le plus possible exempt de poussière. Les litières à base de chanvre ou les papiers sablés sont très absorbants et – contrairement au sable – peuvent être transformés en compost. Dans ce cas, préparez dans une coupe à part du **sable** et de **petits cailloux** qui aident à la digestion. On peut aussi naturellement recouvrir en partie le sol des volières de jardin, de jardin d'hiver ou même des volières d'intérieur avec de la terre, des plantations d'arbustes et des morceaux d'écorces, et planter encore le tout de gazon.

• L'installation d'une **veilleuse** offre l'avantage pour les oiseaux de ne pas être surpris par l'obscurité au moment de l'extinction des feux. Si, quelque part, une faible lumière reste allumée, ils pourront regagner alors sans difficulté leur petit coin préféré pour dormir.
• Vous aurez besoin d'un **filet** si vous avez un jour à attraper un oiseau pour le faire sortir de la volière, ou faire rentrer un éventuel fuyard. Pour intervenir dans les cages ou les petites volières, utilisez une épuisette du type de celles dont se servent les aquariophiles.
• Quant aux **mangeoires** et aux **abreuvoirs**, il en existe de tous types et de toutes formes. Les modèles que propose habituellement le commerce, blancs, en porcelaine ou en plastique dur, ovales ou rectangulaires, en une ou deux parties, conviennent parfaitement. Mieux encore : les soucoupes de pots de fleurs en terre cuite vernissées. La taille de ces récipients se choisit en fonction de la nourriture distribuée et du nombre d'oiseaux concernés. Mais ce qui compte plus encore, c'est de placer ces mangeoires et ces abreuvoirs à l'endroit qu'il faut. Posez-les sur le sol de la volière ou de la cage de telle sorte qu'ils soient facilement accessibles de la porte. Faites également attention qu'il n'y ait pas de perchoirs juste au-dessus.
• **Clochettes, miroir, oiseaux en plastique** et autres **jouets** ne sauraient remplacer le contact vital avec les congénères. Ces accessoires n'ont vraiment pas leur place dans le logis d'oiseaux exotiques.
• Un **hygromètre**, qui sert à mesurer le degré d'humidité de l'air, n'est à vrai dire pas nécessaire. Les espèces d'oiseaux exotiques recommandées aux débutants se satisfont en effet très bien des conditions de vie dans un appartement normal.
• Faire l'acquisition d'un **appareil de chauffage par infrarouge** de 150

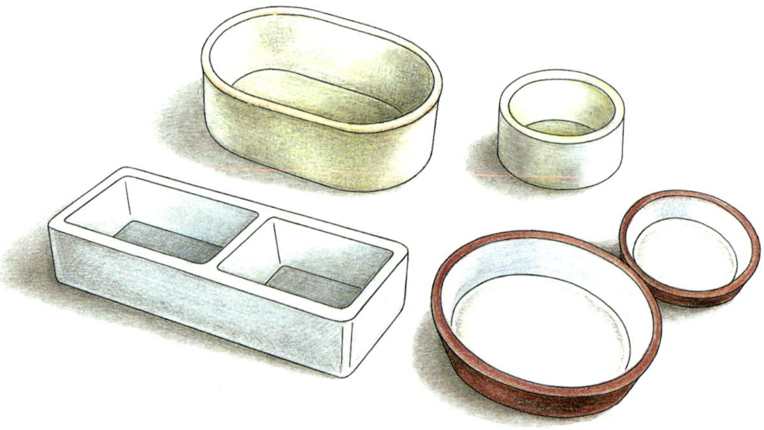

Il existe beaucoup de modèles de mangeoire. Ils doivent dans tous les cas être stables et faciles à nettoyer.

ou 250 watts est en revanche une très bonne chose. Il vous rendra grand service pour soulager les petites indispositions de vos oiseaux et aussi pour faciliter l'adaptation des nouveaux venus dans la volière.

• **Les possibilités de grimper**, que ce soit une tige de roseau placée à la verticale, une corde qui pend ou une branche bien ramifiée, n'ont vraiment de raison d'être que pour des oiseaux exotiques habitués à vivre parmi les buissons et les roseaux. Elles servent à entretenir leur forme physique et à leur procurer des distractions. De plus elles leur permettent d'user leurs griffes, qui poussent très vite.

• Des **plantes** installées au cœur de la volière offrent à ses occupants des possibilités de se cacher, de nicher et de se distraire, contribuent à l'amélioration de l'air ambiant et donnent du cachet à l'ensemble, tout simplement. Et pour maintenir le décor dans un bon état, il faut contenir la population de la volière dans des limites raisonnables.

A SAVOIR

Vous rendrez les objets à grimper plus attrayants encore si vous fixez dessus des friandises telles que des épis de millet ou des panicules de graminées.

• Les **tubes fluorescents** restent, malgré quelques inconvénients, la source de lumière la plus utilisée. Ils dispensent beaucoup de lumière pour un minimum de consommation de courant. Utilisez absolument des tubes dispensateurs de rayons ultraviolets, comme ceux du type Truelite, bien implantés sur le marché depuis des années.

• Un **humidificateur** n'est pas indispensable pour un amateur moyennement expérimenté.

• Des **branches** et des **rameaux** naturels de divers arbrisseaux font des perchoirs qui valent beaucoup mieux que ceux en bois dur ou en plastique. Les diamètres qui ne sont jamais les mêmes, les angles d'inclinaison qui varient de la verticale à l'horizontale et le ploiement souple sous l'effet d'un trop grand poids obligent les oiseaux à saisir toujours différemment les perchoirs et à adopter de nouvelles positions. Ça fait travailler leurs pattes et leurs phalanges, empêche les griffes de trop pousser et améliore en général leur forme physique.

Quand vous mettrez en place les perchoirs, veillez à les éloigner des abreuvoirs et des augets. Trois de ces branches ramifiées suffisent pour une cage assez vaste ou une petite volière d'intérieur (deux sur les côtés, en hauteur, et une un peu plus bas, vers le milieu).

Attention

Le fait d'être toujours posés sur des perchoirs horizontaux et rigides tels qu'on les achète déjà montés finit par agir sur la morphologie des oiseaux et par provoquer chez eux souvent des problèmes aux articulations, aux muscles et aux tendons.

• Les **nichoirs**, naturels ou fabriqués par l'homme, ne sont pas seulement nécessaires pour la période de reproduction. Beaucoup d'espèces en effet construisent tout au long de l'année des nids qui leur servent aussi de dortoirs. Il n'y a donc pas de différences entre nichoirs et nids-dortoirs, et pour en savoir plus, reportez-vous au passage sur les nichoirs dans le chapitre traitant l'élevage.

• Un **vaporisateur** d'eau peut s'avérer fort utile au cas où l'un de vos oiseaux exotiques refuserait de se baigner dans une eau stagnante. Pulvériser de l'eau à température ambiante revient à reproduire les bains sous la pluie ou dans l'herbe détrempée, auxquels sont habituées de nombreuses espèces.

• Un **thermomètre** est absolument nécessaire, car il faut contrôler la température de la volière. La plupart des oiseaux exotiques se sentent bien quand elle se situe entre 20 et 25 °C. La nuit, elle ne doit pas, si possible, descendre en dessous de 15 °C. Les espèces apprivoisées peuvent supporter des températures un peu plus basses.

• Un **émetteur d'ultraviolets** n'est en général pas indispensable. Mais vous pouvez envisager d'en acheter un si vous logez vos oiseaux dans une grande volière d'intérieur ou dans une pièce à part sans possibilité de sortie à l'air libre, et dans le cas où la lumière du jour ne pénétrerait pas directement jusqu'aux oiseaux par la fenêtre ouverte.

• Un **programmateur** permet que soit bien respectée l'alternance si importante du jour et de la nuit, si un soir vous devez rentrer tard ou si vous voulez une fois faire la grasse matinée. Les modèles de base que l'on branche tout simplement sur le secteur suffisent amplement. Le programmateur ne doit être utilisé qu'avec une source de lumière de faible puissance. La durée d'éclairage est d'au moins douze heures par jour pour les oiseaux exotiques, comme d'ailleurs pour tous les autres oiseaux tropicaux.

Attention

Quand vous utilisez un émetteur d'U.V., tenez-vous-en strictement aux indications du mode d'emploi et veillez à ce que les oiseaux puissent quitter à tout moment la zone de rayonnement.

Les tâches régulières

Même si vous n'avez qu'un couple d'oiseaux exotiques en cage, vous aurez à accomplir consciencieusement toute une série de tâches, quotidiennement, une fois par semaine ou à des intervalles plus importants.

• Donner de la nourriture ainsi que de l'eau à boire et pour le bain dans des récipients bien nettoyés vient au premier rang des tâches **quotidiennes**. Il faut enlever les restes de nourriture éparpillés aux abords de la cage, de même que les parties du revêtement du sol que les oiseaux ont éclaboussées en prenant leur bain. Vos oiseaux entrent dans la période de nidification, ou vous possédez des espèces qui construisent des nids-dortoirs ? Pensez alors à leur fournir chaque jour suffisamment de matériaux pour les y aider. Contrôlez aussi quotidiennement la température ambiante, ainsi que l'état des installations techniques, telles que l'éclairage, le programmateur et la veilleuse.

- Environ **une fois par semaine**, il est nécessaire de nettoyer plus à fond la cage ou la volière. Cela consiste à changer tout ou partie du revêtement du sol, à nettoyer les perchoirs, les branchages et tous les accessoires, et à arroser les plantes.
- **Trois ou quatre fois par an**, il faut faire le grand ménage. Ce qui veut dire vider totalement le logis des oiseaux et nettoyer à fond à grandes eaux. Il faut sortir les nids-dortoirs et les nids ayant déjà servi pour la couvée et frotter à la brosse et désinfecter les nichoirs. Perchoirs, branches, herbes sèches et autres « objets d'ameublement » doivent être entièrement renouvelés. Il ne serait pas mauvais non plus d'accorder aux plantes de la volière une petite pause loin de ses occupants, histoire qu'elles puissent se régénérer un peu.
- La distribution de **nourriture** et **d'eau** fraîche doit avoir lieu chaque jour aux mêmes heures. Les oiseaux s'habitueront ainsi bien vite à un rythme déterminé. Il est également conseillé de s'en tenir à un jour précis de la semaine pour faire les petits travaux d'entretien. On diminue par là le risque de toujours les repousser à plus tard...

Important

Prenez chaque jour quelques minutes au moins pour observer tranquillement vos oiseaux. C'est le seul moyen de noter des changements dans leur comportement et de se rendre compte à temps d'éventuels problèmes.

Un petit oiseau exotique tout seul, ça n'a pas de sens

Dans tout ce que nous avons dit jusqu'à présent à propos de l'achat et de l'entretien, il n'était question que d'oiseaux exotiques au pluriel, jamais au singulier. Et ce n'est pas un hasard. Car le pire qui pourrait arriver à ces oiseaux nains serait de se retrouver seul durablement. Peu importe que vous optiez pour l'une ou l'autre manière de les héberger, ce qui compte, c'est que vous en ayez au moins deux qui vivent ensemble. Les partenaires idéaux sont naturellement des individus de sexes opposés de la même espèce. Si cela n'était pas possible à réaliser, un compromis acceptable consisterait à mettre sous le même toit deux oiseaux exotiques d'espèces différentes, voire plus, mais qui soient le plus proches possible quant à la taille et à leurs mœurs.

Les petits oiseaux exotiques entre eux...

À part une seule exception, les petits oiseaux exotiques, à l'époque de l'incubation, ne cherchent pas défendre un territoire à proprement parler, mais les seuls abords de leur nid contre leurs congénères et d'autres oiseaux. Beaucoup d'espèces donnent à penser qu'elles préfèrent de loin vivre en bande plutôt qu'en couple. Les oiseaux exotiques en font partie et sont donc tout à fait aptes à évoluer dans des communautés mélangées.

Cela dit, les cages et les petites volières d'un volume ne dépassant pas un mètre cube environ ne doivent pas accueillir plus de deux oiseaux exotiques, un couple si vous avez l'intention de faire un élevage. D'une part parce que d'autres occupants, confinés dans un lieu aussi exigu, franchiraient inévitablement et en permanence la zone critique autour du nid du couple. Et d'autre part parce que, les œufs ayant éclos, les adultes seront obligés de partager l'espace disponible avec quatre ou cinq poussins, voire plus encore. Le nombre d'oiseaux exotiques que vous pourrez installer dans une volière d'intérieur ou une volière de jardin dépend de l'aménagement de ces dernières, mais aussi du choix des espèces que vous voulez mettre ensemble et du caractère de chaque individu. Partez du principe : un couple par mètre cube disponible dans la volière. Une volière de deux mètres de longueur, un mètre de profondeur et deux mètres de hauteur peut ainsi offrir suffisamment de place à

Des espèces différentes d'oiseaux exotiques se trouvent ici réunies autour de la mangeoire.

quatre couples pour se reproduire et assurer le développement de leur progéniture.

On propose souvent dans les livres de n'associer que des oiseaux exotiques de même origine géographique, c'est-à-dire de peupler la volière d'oiseaux provenant exclusivement d'Afrique occidentale, d'Asie du Sud-Est ou d'Australie. Ce choix peut s'avérer judicieux, à condition que vous fassiez attention en même temps que les espèces que vous voulez réunir soient bien issues des mêmes aires de répartition. En cas de doute, il serait préférable par exemple de réunir des oiseaux exotiques des régions sèches d'Afrique et d'Australie plutôt que des espèces qui seraient toutes originaires d'Afrique orientale mais dont les habitats seraient fondamentalement différents.

... et avec d'autres oiseaux

Petits oiseaux sans défense ou presque, les petits oiseaux exotiques n'auraient guère de chance de tirer leur épingle du jeu face à des granivores plus robustes auxquels ils seraient associés, des passereaux plus gros, des tisserins et des veuves par exemple. Vous devez éviter dans tous les cas de les faire cohabiter avec des passériformes plus petits, comme certaines espèces de serins et de tarins. Ces derniers, vu leur taille, pourraient à vrai dire bien aller avec les oiseaux exotiques, mais ils se grisent le plus souvent de graines oléagineuses et ont des besoins physiologiques complètement différents. Pour les mêmes raisons, la présence de canaris dans une volière de petits oiseaux exotiques n'est pas non plus souhaitable. Les perruches ondulées ou callopsittes et les autres petits perroquets ont des exigences alimentaires comparables à celles des plus gros d'entre eux, mais sont à considérer avec prudence en raison de leur forte corpulence et surtout de leur puissant bec recourbé.

On conseillerait plutôt une association avec de petits oiseaux sud-américains proches du bruant, comme certains passériformes, le jacarini et le pinson de Cuba. Les petites espèces paisibles de pigeons et de cailles sont d'autres locataires possibles.

La nourriture qui convient

Page de droite : un mélange de qualité composé de différentes variétés de millet constitue, pour les oiseaux exotiques, la base d'un régime alimentaire équilibré.

Si l'on en croit les spots publicitaires et les catalogues sur papier glacé des entreprises industrielles qui fabriquent les aliments pour animaux, nos oiseaux de cage n'auraient besoin, pour bénéficier de la meilleure alimentation, que de ces mélanges de graines composés en fonction des besoins de chaque espèce et complétés par toute une gamme de produits du même fabricant, bien sûr. Il est en effet possible, de cette manière, de maintenir les espèces d'oiseaux exotiques les plus robustes non seulement en vie durant de nombreuses années, mais encore en bonne santé. Mais vous-même, aimeriez-vous 365 jours par an manger matin, midi et soir des plats identiques et ayant le même goût ?

La base de l'alimentation

Les oiseaux exotiques vivant à l'état naturel se nourrissent presque exclusivement de graines de diverses graminées. Certaines variétés de millet peuvent être des aliments de substitution. Les millets à petits grains avec une enveloppe tendre, comme celui du Sénégal, conviennent parfaitement aux petits oiseaux exotiques dotés d'un bec fin. Les espèces plus imposantes au bec plus puissant préfèrent les variétés de millet à gros grains, comme le millet du Japon. Certains fabricants d'aliments pour animaux proposent aujourd'hui des mélanges de graines spécialement composés pour répondre aux besoins spécifiques de chaque groupe d'oiseaux exotiques en particulier.

Ce qui est plus important encore que la composition savante des mélanges, c'est la fraîcheur et la qualité des graines.

Pour vérifier si ce mélange spécial est bien frais, faites le **test de la germination.** Si le pourcentage de graines ayant germé se situe en dessous de 80 %, posez-vous la question de savoir s'il ne vaudrait pas mieux changer de marque ou de fournisseur.

À propos de germination : Dans la nature, les oiseaux exotiques ne consomment des graines dures et sèches que durant une période limitée. La plus grande partie de l'année, ils ont à leur disposition des semences tendres et digestes à tous les stades de maturité. Les graines germées font office d'ersatz tout à fait convenable. Les substances

Faire ses graines germées soi-même

Le mieux est d'appliquer la bonne vieille méthode qui consiste à mettre dans une passoire en plastique la quantité nécessaire de nourriture pour une journée et de la faire tremper dans un récipient rempli d'eau. Les graines doivent rester recouvertes d'eau les premières vingt-quatre heures, et les deux ou trois jours suivants, le niveau de l'eau ne doit pas dépasser le dessous de la passoire. Il faut chaque jour rincer les graines et renouveler entièrement l'eau du récipient. Au bout de trois à quatre jours environ, on reconnaît les petites pointes blanches des graines qui commencent à germer : c'est le bon moment pour les servir aux oiseaux.

Vous pouvez vérifier la qualité d'un mélange de graines en faisant simplement le test de la germination.

entrant dans la composition des graines, comme la fécule ou les graisses, sont en partie éliminées dans le processus de germination, ce qui les rend plus digestes encore. Il y a de plus formation de vitamines et d'enzymes, très précieuses. La plupart des mélanges à base de millet que l'on trouve dans le commerce font de bonnes graines à germer, à condition qu'ils ne contiennent pas en plus des aliments séchés, de petits morceaux de biscuit et autres encore.

Le millet en grappes, très apprécié de tous les petits oiseaux, fait également partie de cette nourriture de base. Il en existe deux variétés, la rouge et la jaune. Les épis de millet ne sont pas seulement des aliments d'une grande valeur nutritive, ils offrent aussi à vos oiseaux beaucoup de possibilités de se distraire. Il est pratiquement indispensable pour aider les nouveaux venus à s'adapter, comme aliment de régime pour ceux qui sont légèrement indisposés et comme nourriture de transition pour les jeunes qui sont en train de devenir autonomes.

Certains oiseaux qui vivent dans les régions arides d'Afrique et d'Australie peuvent tenir des jours, voire des semaines, sans boire. L'eau contenue dans leur nourriture leur suffit en effet. Mais il est bien évident que ces situations exceptionnelles ne sauraient servir de références pour nos oiseaux de volière. Il faut mettre à leur disposition de l'**eau fraîche** à boire et pour le bain au moins une fois par jour, et de préférence plusieurs fois par jour lorsque les températures sont élevées.

Les compléments alimentaires

Vouloir habituer les oiseaux exotiques aux fruits et aux légumes semble dans certains cas une entreprise vouée à l'échec. Essayez malgré tout de le faire. Vous devriez y arriver en leur proposant des pommes et des poires douces, pas trop dures, mais aussi avec des fruits exotiques comme la mangue ou la papaye. Certains oiseaux sont friands de concombres en tranches ou de carottes râpées. À la limite, peu importe ce que vous offrez, ce qui compte c'est que vous n'abandonniez pas trop vite la partie. Mais cela peut durer des mois avant que les oiseaux y prennent goût.

A SAVOIR

Même si ça paraît exagéré de le dire : rien ne vaut la verdure, qu'elle ait poussé dans votre jardin ou en pleine nature, pourvu qu'elle ait été ramassée loin des zones polluées par les pesticides et par les gaz d'échappement.

En revanche les oiseaux exotiques ne se montrent pas compliqués quand il s'agit de verdure.

Particulièrement facile à se procurer et pratiquement disponible toute l'année : le mouron blanc. Le pissenlit, la renouée, le laiteron, le séneçon et la bourse-à-pasteur sont d'autres plantes herbacées très appréciées des oiseaux exotiques. De même, les graminées de toutes sortes aux graines semi-mûres ne font pas qu'améliorer le menu des oiseaux, elles leur donnent aussi l'occasion, au moment de prendre leur nourriture, de retrouver de nombreux comportements caractéristiques de leur espèce. C'est également le cas avec les grappes de millet, que l'on sème au printemps dans son jardin et que l'on récolte lorsque les graines sont à moitié mûres.
C'est à partir du moment où les oiseaux veulent fonder une famille que leur menu peut se composer en partie de **nourriture d'origine animale**. Proposez-leur une bonne pâtée à base d'œuf, qui peut se préparer de plusieurs manières. Les ingrédients de base sont presque toujours de l'œuf dur et des biscottes écrasées. Si vous débutez

Les oiseaux choisissent eux-mêmes ce qu'ils préfèrent sur les panicules des graminées semi-mûres qu'ils trouvent dans les prés.

Les vers de farine sont une source de protéines animales pour les oiseaux exotiques et sont faciles à se procurer.

avec un petit groupe d'individus, vous avez intérêt à vous rabattre sur les pâtées d'élevage que l'on trouve dans le commerce. Vous n'aurez plus alors qu'à l'humidifier un peu avec des carottes râpées ou un œuf dur passé au tamis. Les larves de ténébrions, appelés vers de farine, sont la nourriture animale la plus facile à se procurer. Leur qualité est aussi bonne que celle du substrat sur lequel ils ont vécu. La mauvaise habitude qui consiste à élever des vers de farine sur du papier journal semble malheureusement ne pas avoir encore disparu. Le son ou les flocons d'avoine conviennent beaucoup mieux comme nourriture de base, avec des compléments sous forme de tranches de pomme, morceaux de carotte et autres. Les vers de farine, avec leur carapace assez dure, sont difficiles à consommer et à digérer. C'est pourquoi il est recommandé de les ébouillanter juste avant de les donner aux oiseaux et de les couper en petits morceaux d'environ un centimètre.

Beaucoup d'espèces se satisfont pleinement de cette nourriture animale et l'utilisent pour élever leurs petits. Mais d'autres, en revanche, se montrent nettement plus exigeantes. Pour ces dernières, l'offre de nourriture vivante à l'époque de l'incubation doit être aussi variée que possible, et comprendre, outre de la pâtée à l'œuf et des vers de farine, des mouches, des vers blancs, des chrysalides de fourmis et autres gourmandises.

Les fruits sucrés et les concombres sont des produits frais généralement bien appréciés des petits oiseaux exotiques.

Minéraux, oligoéléments et vitamines

Les organismes des êtres vivants ont besoin de glucides, de lipides et de protéines pour que le corps se construise, et ils sont aussi indispensables au métabolisme. Mais les minéraux, les oligoéléments et les vitamines sont également déterminants pour le bon déroulement des processus vitaux. Les **minéraux** sont des substances inorganiques qui contiennent des éléments comme le calcium, le sodium, le potassium, le phosphore et quelques autres encore. Chez tous les vertébrés par exemple, le calcium et le phosphore contribuent à la consolidation des os de la colonne vertébrale. Les oiseaux ont besoin quant à eux d'une quantité suffisante de calcium pour assurer la formation de la coquille de leurs œufs. Les **oligo-éléments** comme le cuivre, le zinc, le fer, le sélénium, le manganèse et autres, sont des éléments chimiques présents en très faible quantité (des traces) dans les cellules de chaque être vivant et également nécessaires au métabolisme. Les **vitamines** sont des substances indispensables au bon fonctionnement de l'organisme qui permettent et accélèrent les transformations chimiques qui s'accomplissent dans les tissus.

Si l'alimentation est variée et la plus naturelle possible, elle apportera aux oiseaux exotiques une grande partie des minéraux, des oligoéléments et des vitamines qui leur sont nécessaires. Leur en administrer en plus de la quantité apportée par la nourriture n'est indispensable que dans des situations où l'organisme des oiseaux est particulièrement sollicité. Cependant, pour être certain que vos petits protégés puissent pallier immédiatement d'éventuelles carences, mettez toute l'année à leur disposition des minéraux et des oligoéléments qu'ils prendront à discrétion. En premier lieu, du sable grossier pour oiseaux, que l'on trouve dans le commerce et, pour compléter, **une pierre à chaux** ou également des **os de seiche** d'une qualité irréprochable. Les oiseaux ne dédaignent pas non plus les coquilles d'œuf broyées. Ces dernières, pour éviter la transmission d'agents pathogènes, doivent bouillir dans de l'eau ou être chauffées dans un four avant d'être données aux oiseaux. Réservez les préparations multivitaminées pour l'hiver, époque où la verdure est plus rare.

Important

Respectez bien les doses indiquées par le fabricant. Administrer trop de certaines vitamines en se disant que ça ne peut pas faire de mal peut avoir en réalité des effets négatifs.

Quand les petits oiseaux exotiques font des petits

Page de droite : Les oisillons, au tout début, ne sont pas franchement mignons...

Si leurs conditions de captivité sont satisfaisantes, les oiseaux sont tout à fait disposés à se reproduire. On a même parfois le sentiment qu'il est plus difficile de calmer leurs ardeurs que de les pousser à l'action dans ce domaine-là ! Vivre les différentes étapes de la formation d'une famille et voir grandir les petits font partie de ce qu'il y a de plus beau dans l'élevage d'oiseaux exotiques.

Conditions

Les petits oiseaux exotiques ne se montrent pas aussi difficiles dans le choix de leur partenaire que les perroquets par exemple. Mais il ne s'agit pas pour autant de mettre n'importe quelle femelle avec n'importe quel mâle. Les deux doivent bien aller ensemble. Le mieux pour trouver un couple harmonieux, c'est d'avoir plusieurs oiseaux de la même espèce dans le groupe et de les distinguer, par exemple en baguant chacun d'entre eux de différentes couleurs. Si deux oiseaux montrent par leur comportement qu'ils sont faits l'un pour l'autre, vous pouvez alors les retirer du groupe. Les couples ainsi constitués font en général de bons oiseaux d'élevage. Bien que beaucoup d'espèces n'aient pas de difficulté pour couver dans des cages, pourvu qu'elles soient spacieuses, il n'en demeure pas moins que les chances de réussite sont meilleures dans une volière. Celle-ci, par ailleurs, ne devra pas être trop peuplée. Les couples d'oiseaux exotiques ont eux aussi besoin d'intimité ! Vous devez enfin, en proposant à vos oiseaux une nourriture variée et suffisamment abondante, créer les conditions favorables à la reproduction. Verdure, graines de graminées semi-mûres complétées par un peu de protéines d'origine animale font des miracles !

Préparatifs

Lorsqu'un ou plusieurs couples se seront formés, il vous faudra installer une cage ou une volière d'élevage, ou bien alors procéder à des aménagements dans celle que vous avez déjà. Ce qui est

important surtout, c'est d'offrir aux oiseaux des possibilités de cachettes, en fixant sur les côtés des branches bien ramifiées, de pin par exemple, des bouquets de roseaux et de graminées ou autres encore, car les oiseaux exotiques ont un grand besoin de sécurité durant la période d'incubation. Beaucoup d'espèces construisent leur nid dans l'enchevêtrement même de cette végétation.

Important

Suspendez toujours plus de nichoirs qu'il y a de couples dans la volière. Les oiseaux non dominants auront ainsi, eux aussi, la possibilité de choisir entre plusieurs endroits pour nicher.

Mais il faut également équiper la volière de nichoirs. Le commerce en propose qui conviennent bien aux oiseaux exotiques, en bois naturel ou en contreplaqué, en écorce de chêne-liège, en forme de corbeille tressée en osier ou en rotin, coques de noix de coco, pots de fleurs en terre cuite ou, pour certaines espèces aussi, les abris traditionnels, plus longs que larges, pour perruches ondulées. Ce sont les oiseaux qui, de toute façon, décident en dernier ressort. Veillez quoi qu'il en soit que l'intérieur des nichoirs fasse au minimum douze centimètres de diamètre ou de longueur, même pour les espèces les plus petites. Et puis, il faut qu'après le réaménagement de la volière il y ait encore suffisamment de place pour peut-être cinq ou six oisillons.

Si vous comptez mettre ensemble plusieurs couples, installez tous les oiseaux en même temps. Vous empêcherez ainsi que des locataires qui occuperaient la volière depuis un certain temps déjà se comportent comme ayant des droits sur les nouveaux venus. Vous devez aussi éviter absolument que des oiseaux sans partenaire restent dans la volière

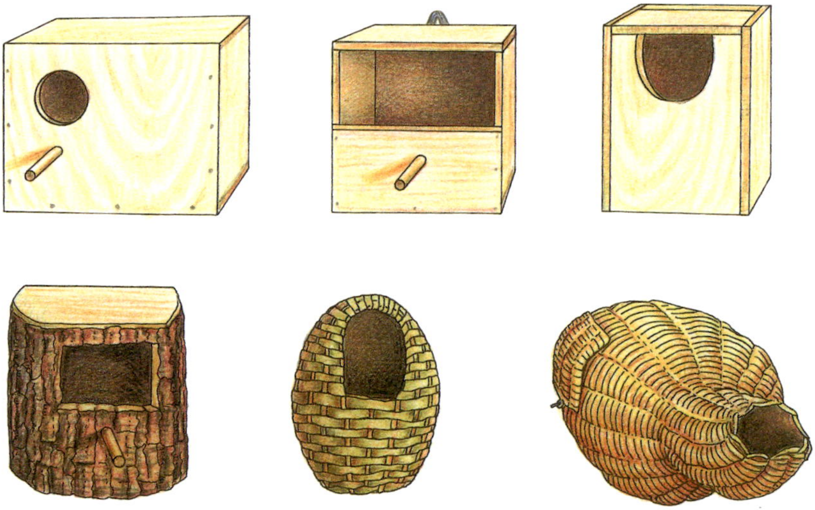

Mettre à la disposition des oiseaux un large choix de nichoirs est la condition préalable pour la réussite de l'élevage.

Malgré le beau nichoir qu'on lui a proposé, un couple a préféré ici un nid de fabrication maison.

d'élevage. Ces derniers, dans leur quête de l'âme sœur, ne manqueraient pas de représenter une source permanente de conflits. Le fait que les oiseaux n'aient pas suffisamment de matériaux pour la construction de leur nid peut provoquer également des troubles au sein du groupe. Les oiseaux exotiques ne se montrent pas difficiles et travaillent aussi bien les tiges d'herbe sèches et les petites racines que les fibres de coco et de sisal et les fils de coton et de chanvre, en somme tout ce qu'ils sont capables de transporter. Pour rembourrer leur nid, nombre d'entre eux utilisent de préférence des plumes ou des poils d'animaux. Ce qui compte, c'est qu'ils aient toujours assez de matériaux à disposition, sinon leur tendance est de s'en prendre aux nids en construction des couples voisins.

Remarque

Commencez dès le début de la couvaison à habituer vos oiseaux à une pâtée d'élevage qui convienne : en effet rien n'est plus irritant que de voir des parents désemparés, indécis devant une coupe pleine de nourriture, alors que leurs petits affamés attendent dans le nid.

L'incubation

Quand vos oiseaux exotiques sont occupés à construire leur nid, à pondre leurs œufs, à couver et à élever leurs petits, cantonnez-vous alors dans le

L'évolution de jeunes Diamants de Gould, d'oisillons fraîchement éclos à de jeunes oiseaux parés de leur plumage définitif (voir photo page 53), dure à peu près trois semaines.

rôle d'observateur tranquille qui, plusieurs fois par jour, donne de la pâtée d'élevage et fournit à l'occasion des matériaux supplémentaires pour la construction du nid. Les travaux d'entretien devront se limiter au strict minimum, et pour le reste, laissez les choses suivre leurs cours normal, qui peut se résumer ainsi :

- Les nids sont sphériques ou en forme de poire, avec une ouverture sur le côté, et sont construits par les deux parents.
- La ponte se compose de quatre à six œufs blancs, qui sont couvés alternativement par les deux parents.
- La durée d'incubation est d'environ quatorze jours.
- Les poussins fraîchement éclos sont nus ou recouverts d'un léger duvet gris blanchâtre. Les dessins complexes qu'ils présentent au fond de la gorge déclenchent chez les parents le réflexe de les nourrir.
- Les oisillons quittent le nid à l'âge de trois semaines environ. À ce moment-là, leur corps est déjà recouvert d'un plumage juvénile.
- Environ deux à trois semaines plus tard, les jeunes deviennent autonomes et commencent peu après à changer de couleur.
- À cinq ou six mois, la mue des jeunes oiseaux est en général terminée et ils sont arrivés à maturité sexuelle.

Important

Tôt ou tard, vous serez amené à céder une partie des oiseaux de votre élevage. Mais ne le faites que lorsque les jeunes auront opéré leur mue. Les oiseaux sont en effet très sensibles à tout changement dans cette période difficile de leur vie.

L'élevage est réussi – et après?

Si vous vous en êtes tenu aux règles du jeu données ci-dessus, vous avez de bonnes chances d'entrer dans le club très ouvert des éleveurs d'oiseaux exotiques qui ont réussi. Même si vous n'avez élevé qu'un seul couple, vous voilà d'un coup en possession de six, sept, voire huit oiseaux exotiques. Peut-être aussi que ce couple est déjà occupé par la ponte suivante alors même que les jeunes de la première couvée ne sont pas encore devenus vraiment autonomes. Peu importe d'ailleurs le nombre de poussins, vous aurez de toute façon à leur procurer un toit, c'est-à-dire une cage spacieuse ou une volière d'intérieur ou de jardin.

Si un couple a eu coup sur coup trois, voire quatre couvées, il est alors grand temps de contraindre ces oiseaux à faire une pause de plusieurs mois. On y parvient en les privant permanente de toutes leurs possibilités de nicher et en réduisant l'apport en matières nutritives « stimulantes » (comme les protéines d'origine animale). Sinon la solution radicale consiste à séparer les partenaires. Et afin de rendre plus supportable cette intrusion assez brutale dans l'intimité familiale des oiseaux, on applique une méthode qui a fait ses preuves et qui consiste à regrouper les oiseaux adultes avec les jeunes de sexe correspondant issus des couvées précédentes.

La santé

Page de droite : Les meilleures mesures de prévention contre les maladies : donner aux oiseaux un hébergement qui convienne et une nourriture équilibrée.

Pour peu qu'ils se soient bien adaptés, que leur hébergement soit correct et que leur alimentation soit équilibrée, les oiseaux exotiques ne sont en général guère sujets aux maladies. Malgré tout, il faut que vous puissiez tout de suite reconnaître qu'il y a un problème de santé et, le cas échéant, apporter les premiers soins. Ces premières interventions ne pourront évidemment pas remplacer le diagnostic sûr du vétérinaire et le traitement qu'il prescrira.

Identifier les symptômes de la maladie

Les critères qui sont pris en compte pour vérifier l'état de santé des oiseaux au moment de leur achat s'appliquent encore naturellement aux oiseaux exotiques que vous détenez en captivité depuis déjà un certain temps. Un oiseau qui n'est pas au mieux de sa forme a généralement un plumage légèrement ébouriffé, laisse pendre ses ailes et ferme à moitié, voire complètement les yeux. Il respire difficilement et parfois par saccades. Les phases d'activité sont plus courtes et ponctuées de longues périodes de repos durant lesquelles il recherche la proximité de ses congénères. Ses mouvements sont maladroits et il donne l'impression de tituber. Un oiseau malade hésite souvent devant la mangeoire et met beaucoup de temps à décortiquer une graine et à l'avaler.

Attention

Si les symptômes vous semblent liés à un problème de santé, vous devez immédiatement retirer de la volière ou de la cage l'oiseau concerné.

Un oiseau malade se reconnaît à son plumage ébouriffé et à son apathie.

Ce qui doit attirer votre attention, c'est par exemple la manière qu'il a de déposer ses fientes et la consistance et la couleur même des excréments. Le fait de se balancer au moment de les évacuer et la présence de plumes souillées dans la région du cloaque sont toujours des signes qui doivent vous avertir. Ces fientes se distinguent nettement de celles d'oiseaux sains, constituées d'acide urique blanchâtre et des restes de nourriture brun verdâtre. Selon l'espèce et la gravité de la maladie, elles peuvent être alors aqueuses ou écumeuses et jaunâtres, noir brunâtre ou également teintées de vert.

Mesures à prendre en cas d'urgence

Après avoir contrôlé l'état physique du patient (voir page 24), mettez-le à part dans une cage-hôpital de taille moyenne, ouverte sur un seul côté.

L'équipement doit être aussi simple que possible : quelques perchoirs, des mangeoires et des abreuvoirs ainsi que du papier journal pour recouvrir le sol. Indispensable : la lampe à infrarouge, placée devant la cage de telle sorte qu'un des perchoirs soit exposé aux irradiations. La température doit, juste devant la lampe, atteindre les 35 °C. Installez la cage-hôpital dans une pièce calme et bien aérée, sans contact aucun avec les autres oiseaux. Dans le cas contraire, le malade chercherait en permanence à retourner vers les siens, dépensant ainsi inutilement ses réserves d'énergie. Pour plus de précaution, rayez de son menu la nourriture plus difficile à digérer comme la verdure et les fruits. De petites doses de charbon pour oiseaux ont un effet positif sur le

La première mesure à prendre lorsqu'un oiseau est malade est de le placer dans une cage-hôpital spécialement aménagée pour le recevoir.

transit intestinal. Malheureusement ce charbon absorbe non seulement les matières nocives mais encore des substances nutritives et des vitamines très précieuses, si bien qu'après trois jours maximum de cette thérapie il est recommandé de faire faire aux malades une bonne cure de vitamines. Enfin, essayez le plus vite possible de prélever un peu de fiente fraîche pour la faire examiner par votre vétérinaire. Les traitements ciblés ne doivent commencer que lorsque ce dernier aura posé un diagnostic sûr et définitif.

Une alimentation diététique se compose du traditionnel mélange de graines sèches, de grappes de millet et éventuellement de larves de vers de farine ébouillantées et coupées en petits morceaux. Vous pouvez donner à boire au malade une tisane légère à la camomille.

Les problèmes de santé les plus fréquent

Croissance excessive des griffes et du bec

Aussi bon que soit l'équipement de la volière, il est parfois difficile d'éviter ce genre de problème. Vérifiez donc consciencieusement l'état des griffes des oiseaux, particulièrement de ceux qui vivent parmi les roseaux. Si nécessaire, coupez-les-leur, de préférence à l'aide d'un coupe-ongles pour bébé. Faites attention de couper toujours un à deux millimètres en dessous des vaisseaux sanguins pour ne pas les blesser. Pour visualiser leur emplacement exact, vous n'avez qu'à placer la patte sous une lumière forte.

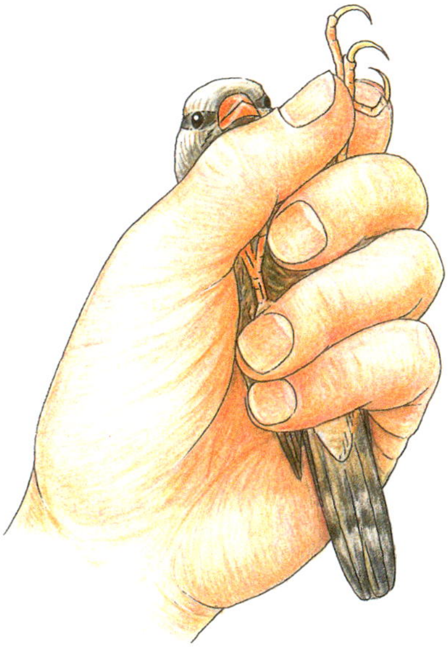

Voici comment tenir correctement l'oiseau, quand vous voulez lui couper les griffes.

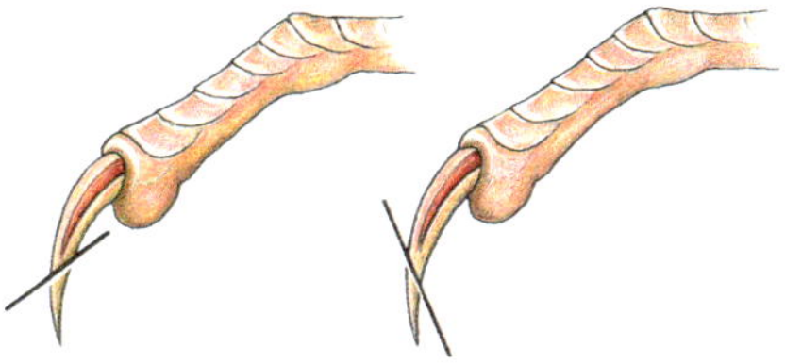

Blessures et fractures

Les blessures superficielles de la peau et des muscles sont presque toujours sans conséquences et guérissent vite. Seules les plaies plus profondes à la tête doivent être recousues par le vétérinaire. De même les blessures aux plumes dans les parties irriguées de sang ne sont pas non plus très graves. Pour stopper les saignements, tamponnez la zone atteinte avec du coton imbibé de chlorure de fer. Quand vous voyez qu'une patte ou une aile de l'oiseau pend toute molle, vous pouvez supposer qu'il y a fracture. Si celle-ci est simple, pas ouverte, les chances de guérison sont là encore très grandes. Essayez d'immobiliser la patte ou l'aile fracturée au moyen d'une attelle réalisée avec une paille ou des allumettes, ou bien encore fixez-les dans leur position naturelle à l'aide de sparadrap. Et si vous ne vous sentez pas de le faire vous-même, allez chez le vétérinaire. Il faut de toute façon se dire que, même si la fracture laisse quelques séquelles, l'oiseau blessé retrouvera une forme suffisante pour la vie qu'il mène dans une volière.

Mal de ponte

Il s'agit de l'incapacité qu'a la femelle d'expulser l'œuf de son cloaque. La cause peut en être par exemple un œuf dépourvu de coquille qui, mou et informe, ne fournit pas de contre-pression lorsque les muscles du cloaque se contractent. Il se peut aussi que les muscles soient trop faibles pour pousser l'œuf, conséquence de couvées trop nombreuses, ou qu'ils se raidissent en raison d'une chute brutale des températures. En cas de crise aiguë, traitez au plus vite. En présence d'un oiseau visiblement atteint de mal de ponte, une solution consiste à le placer dans une cage-hôpital bien chauffée avec un degré d'humidité de l'air élevé. Si la situation ne s'améliore pas au bout de quelques heures, il ne reste plus en dernier ressort qu'à percer l'œuf à l'intérieur du cloaque et à en vider le continu. Ce qui ne va pas sans risque et implique donc l'intervention du vétérinaire.

La meilleure façon de prévenir le mal de ponte est encore de procurer aux oiseaux suffisamment de minéraux, de limiter leurs couvées à trois ou quatre par an et d'éviter la chute brutale des températures.

Carences

La plus connue de ces maladies est le rachitisme. La carence en vitamine D et une trop faible exposition aux ultraviolets combinées à un apport insuffisant de calcium conduisent à des troubles osseux de croissance chez le petit oiseau. Les os restent mous, ne supportent aucune charge et le squelette subit alors de fortes déformations. Le rachitisme chez les oiseaux ayant terminé leur croissance ne peut plus se guérir. Si, lors de l'apparition des premiers symptômes, vous réagissez immédiatement en donnant de fortes doses d'une préparation à base de calcium, vous pouvez encore éviter le pire. Autre maladie due à des carences : le tournis. Un manque de vitamine B et/ou de vitamine E provoque des problèmes d'équilibre et de coordination des mouvements chez l'oiseau, et même des crampes pouvant entraîner la mort. Plus tôt les symptômes seront décelés et plus tôt sera traitée la maladie par l'apport direct de vitamines B et E, meilleures seront les chances d'un rétablissement total. Mais si les tissus nerveux sont durablement atteints, les traitements n'y feront rien.

Parasites internes et externes

Comme tous les êtres vivants, les petits oiseaux exotiques aussi peuvent héberger toute une série d'hôtes indésirables. Selon qu'ils se situent à l'extérieur, sur le corps même de l'oiseau, ou à l'intérieur de ses organes, on parle d'ectoparasites ou d'endoparasites.
Parmi les parasites externes les plus répandus, on trouve les **mallophages**. Ils vivent dans certaines parties des plumes, surtout sous les ailes, et se nourrissent de morceaux microscopiques d'écailles cutanées et de corne. Beaucoup plus dangereux que les mallophages mais relativement inoffensifs lorsque leur nombre reste dans des proportions normales : les **poux rouges**. Dans la journée, ils se réfugient dans leur cachette et, quand vient l'obscurité, ils se jettent sur leurs victimes endormies pour leur sucer le sang. Lorsque l'attaque est massive, les oiseaux atteints s'affaiblissent et deviennent du coup plus réceptifs à toutes sortes d'infections et peuvent même en mourir. Si vos oiseaux s'agitent la nuit sans raison apparente, vous pouvez toujours supposer que les poux rouges y sont pour quelque chose.

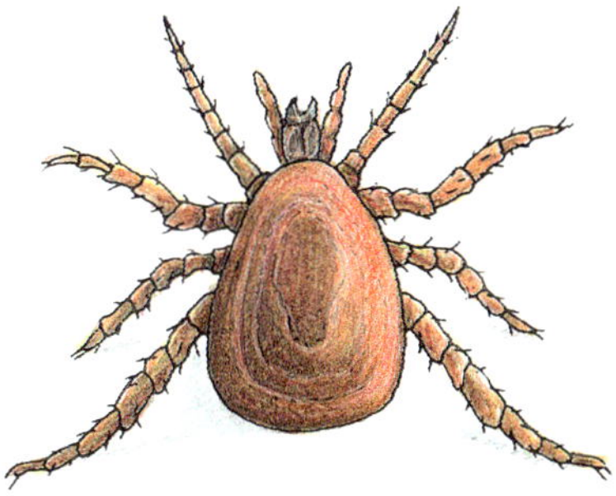

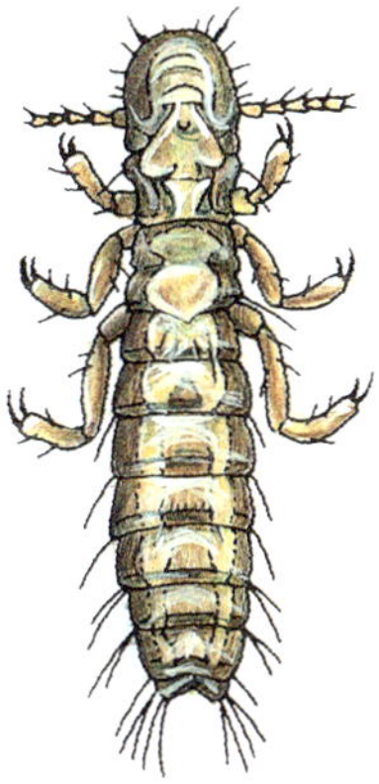

Les poux rouges (à gauche) et les mallophages (à droite) sont les parasites qui affectent le plus fréquemment tous les oiseaux de cage.

L'insecticide est un moyen de lutte possible contre ces parasites. Mais vous devez en même temps vider complètement la volière ou la cage, détruire les accessoires facilement remplaçables et procéder ensuite au nettoyage à fond et traiter partout à l'insecticide. D'autres acariens, comme les **sarcoptes**, qui vivent dans les couches supérieures cornées, ou les **sarcoptes des sacs aériens**, sont autrement plus difficiles à combattre efficacement. Il faut, dans les deux cas, traiter selon les indications de votre vétérinaire.

A SAVOIR

Pour déceler la présence de poux rouges, prenez un perchoir ou un nichoir et tapez-le au-dessus d'un torchon blanc ou d'une feuille de papier. Vous pourrez alors bien distinguer à l'œil nu de minuscules points rouge-brun.

Comme parasites internes, citons ces petits organismes unicellulaires appelés **coccidies.** Ils s'établissent dans les muqueuses intestinales et provoquent des diarrhées, d'importantes inflammations et la mort dans les cas les plus graves par une perte sensible de poids. Seul l'examen microscopique des excréments, réalisé par le vétérinaire, permettra de constater la présence de ces parasites. On traite cette maladie par toute une série de préparations à base de sulfamides.

Infections bactériennes

Il existe d'autres infections bactériennes, semblables par leurs symptômes à la coccidiose. La plus fréquente et la plus connue est due à différents types de salmonelles. La **salmonellose** n'est pas non plus totalement inoffensive pour l'homme. D'où l'importance d'une hygiène stricte lorsque vous aurez à soigner des oiseaux malades. Il n'est pas facile de déceler la maladie et surtout de préciser le type de salmonelle incriminé, ce que seul un laboratoire spécialement équipé peut réussir à faire. On en profite en général pour réaliser un test, qui doit montrer à quels antibiotiques la souche de la salmonelle en question est résistante.

Champignons

Contrairement aux baccivores, ces oiseaux qui se nourrissent de fruits et de nectar, les petits oiseaux exotiques ne souffrent pratiquement jamais de ces affections de la gorge dues à des champignons. Mais si cela devait arriver, il est possible de soulager rapidement les oiseaux en badigeonnant, avec un pinceau, un fongicide sur les parties atteintes. Une mycose affectant les voies respiratoires ou le système pulmonaire est de même assez rare et ne s'observe qu'après une longue période d'utilisation d'antibiotiques. Si elle apparaît malgré tout, il s'agit alors de **l'aspergillose**, une affection mortelle qui tient son nom de l'aspergillus, champignon parasite. Une fois que les poumons et les voies respiratoires sont touchés, ils sont irrémédiablement endommagés. Les médicaments sont inefficaces du fait même qu'il leur est quasiment impossible d'agir sur toutes les parties affectées de l'organisme.

Maladies virales

Les virus sont de loin les agents pathogènes les plus répandus. Le **virus de l'herpès** compte parmi les plus dangereux et pourrait être la cause de la mort inexpliquée de beaucoup de petits oiseaux exotiques. Les virus, micro-organismes infectieux à structure bien définie, sont insensibles aux antibiotiques. La thérapie consiste alors souvent à renforcer les défenses immunitaires de l'organisme. Et si le vétérinaire prescrit quand même des antibiotiques, c'est dans le but de protéger l'oiseau malade de probables surinfections bactériennes. Les **chlamydias** forment enfin un groupe à part d'agents pathogènes. Elles se situent dans une certaine mesure à mi-chemin entre les virus et les bactéries, ce qui explique qu'elles puissent être combattues par certains antibiotiques. Les infections virales, comme les infections bactériennes, sont des problèmes dont le traitement relève exclusivement de la compétence du vétérinaire.

Une sélection de petits oiseaux exotiques

Page de droite : Diamants psittaculaires.

Il existe 131 espèces de petits oiseaux exotiques. Certaines ne sont que très rarement, voire absolument pas élevées. Celles qui sont présentées dans les pages qui suivent se rencontrent par contre fréquemment dans les animaleries ou sont mentionnées dans les annonces passées par les éleveurs qui cherchent à céder leurs oiseaux.

En préambule

Présenter de manière exhaustive toutes les 131 espèces et aborder tous les aspects ayant trait à leur entretien et à leur élevage est tout simplement impossible. Nous nous limiterons par conséquent à faire le portrait rapide de 25 espèces qui sont, actuellement, fréquemment proposées à la vente.

Toutes ne conviennent pas pour les débutants. Pour vous faire une idée, vous trouverez dans chaque description d'espèce une recommandation qui vous dira si l'oiseau convient bien (ou pas du tout) à un amateur qui débute. Voici ce que sont et signifient ces recommandations :

- **Convient parfaitement** : Même si vous êtes un néophyte complet, vous devriez très bien vous en sortir avec cette espèce et obtenir vos premiers succès dans l'élevage d'oiseaux exotiques.
- **Convient bien** : Vous avez acquis une formation théorique à l'aide de cet ouvrage et de l'abondante littérature proposée sur le sujet. Vous avez quelque expérience pratique dans l'art de s'y prendre avec les oiseaux, grâce à votre belle-mère qui vous a confié ses perruches ondulées pendant ses congés. C'est donc sous d'heureux auspices que vous pouvez vous lancer dans l'élevage des espèces ainsi recommandées.
- **Convient, sous conditions** : Vous pouvez vous frotter à cette espèce-là, à condition que vos premières tentatives dans l'élevage d'oiseaux domestiques ou d'espèces sauvages faciles à apprivoiser et à entretenir aient été couronnées de succès.
- **Ne convient pas vraiment** : Les oiseaux exotiques qui entrent dans cette catégorie exigent beaucoup de compétence. Si vous êtes débutant, vous devez renoncer à vous procurer ces espèces,

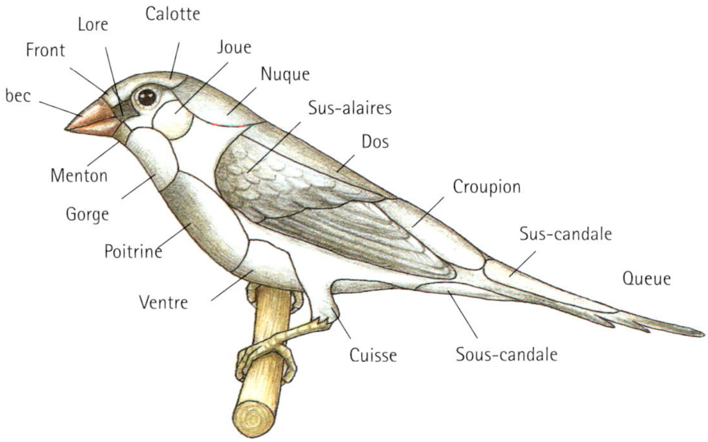

Présentation schématique des parties les plus importantes du corps et du plumage de l'oiseau.

même si cela vous en coûte.

Ne convient absolument pas : Certaines espèces d'oiseaux exotiques – que l'on trouve hélas assez souvent dans le commerce – ne devraient jamais être mises entre les mains de débutants. Leur élevage et leur entretien doivent être laissés aux amateurs très expérimentés. À moins que vous attendiez d'en devenir un vous-même...

Ces appréciations sont bien entendu subjectives et en partie le résultat d'expériences personnelles. Mais en cas de doute, reportez-vous-y malgré tout. Tenez compte également du fait que toutes ces recommandations sont faites exclusivement en fonction du degré de difficulté de l'élevage. Entretenir une espèce particulière d'oiseau exotique ne pose souvent aucun problème. C'est l'élevage qui, en revanche, peut présenter de réelles difficultés.

Les espèces domestiquées

La domestication, c'est l'action, voulue par l'homme, de faire passer les espèces animales sauvages à l'état domestique. Elle a pour conséquence des changements aussi bien de leurs caractéristiques physiques que de leurs comportements. Le résultat final du processus de domestication, ce sont des animaux familiers élevés dans différentes races et qui n'ont parfois plus grand-chose en commun avec la forme sauvage. On connaît les exemples classiques d'oiseaux domestiqués par l'homme, poules, canards et oies de races diverses. Mais l'homme n'a pas hésité non plus à domestiquer de tout petits oiseaux. À côté des perruches ondulées et des canaris, trois espèces d'oiseaux exotiques au moins sont aujourd'hui considérées comme parfaitement domestiquées.

Diamant mandarin (*Taeniopygia guttata*)

Caractéristiques : taille 11 cm. Bec et pattes rouges. Chez le mâle, la région du bec est blanche et délimitée par un trait noir, il a des taches brun orange sur les joues et une large bande noire sur le poitrail, et une partie de ses flancs est brun-rouge mouchetée de blanc. Ses zébrures ondulées blanc-noir sur la gorge, le menton et la poitrine sont également caractéristiques. La femelle a un plumage dans différents tons de gris, excepté la moustache et les rémiges primaires. On trouve, à côté des oiseaux de couleur sauvage, diverses mutations réussies par les éleveurs.
Aire de répartition et habitat : Presque toute l'Australie et les petites îles de la Sonde. Les Diamants mandarins peuplent aussi bien les régions sèches à l'intérieur des cinq continents que les zones de culture des régions côtières.
Hébergement, nourriture et élevage : Les Diamants mandarins s'adaptent aussi bien à la cage qu'à toutes sortes de volières et peuvent vivre en couple comme en communauté. Comme nourriture, le classique mélange de graines, sèches et germées, beaucoup de verdure et un peu de pâtée à l'œuf pour l'élevage des jeunes.

Recommandation : Convient parfaitement à un débutant.
Particularités : Les Diamants mandarins sont un sujet qui intéresse beaucoup la recherche comportementale, et ils font aujourd'hui partie des espèces d'oiseaux les mieux étudiées. Leur nature vive, confiante, et leurs comportements très intéressants en font des oiseaux que l'on peut recommander, même à de grands enfants. Il en existe dans de nombreux coloris, qui sont mis en valeur lors d'expositions. La forme domestiquée est plus imposante que la forme sauvage.

Moineau du Japon (Bengali) *(Lonchura striata* var. *domestica)*

Caractéristiques : taille 12 cm. Mandibule supérieure noire, mandibule inférieure gris-bleu clair. Pattes gris-brun foncé. Les côtés de la tête et la gorge sont brun-noir, la poitrine, le cou et toute la partie supérieure du corps brun foncé. La partie inférieure de la poitrine et le ventre sont d'un ton crème clair avec des dessins en forme d'écailles. Le mâle et la femelle sont de même couleur. À côté de la forme de couleur sauvage, il existe des Moineaux du Japon dans tous les coloris bruns et gris, tachetés de blanc ou même entièrement blancs.
Aire de répartition et habitat : Asie du Sud et Sud-Est asiatique. La forme sauvage vit à l'orée des forêts, dans les bosquets, les parcs et les jardins.
Hébergement, nourriture et élevage : En tout point le moins exigeant des oiseaux exotiques. Les Moineaux du Japon se sentent aussi bien en cage qu'en petites volières. Même pour l'élevage des petits, la consommation de nourriture d'origine animale, sous la forme de pâtée à l'œuf, est très faible.
Recommandation : Convient parfaitement pour les débutants.
Particularités : Les Moineaux du Japon ont été domestiqués il y a plusieurs siècles en Chine et au Japon, où les éleveurs ont produit des formes tachetées ou blanches. Celles qui sont unicolores sont issues d'un croisement réalisé en Europe, il y a quelques décennies seulement, avec des espèces proches. On peut donc parler à juste titre d'une « espèce de synthèse ». Comme ces moineaux ont un instinct de couvaison très prononcé, on les a souvent utilisés par le passé comme couveuses au service d'espèces ayant des difficultés à remplir cette tâche. Mais comme les oisillons élevés de la sorte sont tout imprégnés par leurs parents adoptifs et qu'ils ne peuvent plus guère être utilisés

dans le processus de sélection, les éleveurs ont renoncé depuis longtemps à cette méthode. De nos jours, on élève les Moineaux du Japon avant tout pour les présenter à des expositions.

Padda de Java (Calfat)
(Padda oryzivora)

Caractéristiques : taille 14 cm. Bec, région des yeux et pattes rouges ou d'un rose intense. Tête, croupion et queue noirs. Haut du corps et poitrine gris-bleu, région du ventre gris rougeâtre. Caractère le plus marquant : les taches d'un blanc éclatant sur les joues. Mâle et femelle sont de la même couleur. Comme chez toutes les espèces domestiques, la sélection a produit des Paddas de Java de différentes couleurs.
Aire de répartition et habitat : Java et Bali, de préférence les régions agricoles. Ils couvent même dans les zones habitées.
Hébergement, nourriture et élevage : Vu leur grande taille, il vaut mieux les tenir en volière. L'élevage de la forme de couleur fauve ne réussit pas aussi facilement que celui des autres espèces domestiquées. Les millets à gros grains, le riz non décortiqué et de la verdure

constituent leur nourriture préférée. Quand ils élèvent leurs petits, il faut leur donner de la pâtée à l'œuf et de la nourriture animale.
Recommandation : Convient bien aux débutants.
Particularités : Autrefois originaires seulement de Bali et de Java, les Paddas de Java furent introduits par l'homme dans tout le Sud-Est asiatique et dans beaucoup d'autres parties du monde.

Autres espèces fréquemment proposées

Les petits oiseaux exotiques suivants ne sont pas considérés comme des oiseaux domestiqués, mais ils sont proposés comme oiseaux de cage, pouvant aussi faire l'objet d'un élevage.

Amadine cou-coupé *(Amadina fasciata)*

Caractéristiques : taille 12,5 cm. Cou et pattes couleur chair. Plumage dans divers tons de brun et de gris, avec sur la tête et le dos des rayures noires bien marquées. Tache châtain clair sur le ventre. Marque particulière : une bande rouge sang barre son cou jusque dans la région de la joue. La femelle ne possède ni ce trait rouge ni la tache sur le ventre.
Aire de répartition et habitat : L'Afrique, du sud du Sahara jusqu'au Zimbabwe et au Botswana. Les Amadines cous-coupés habitent les savanes d'épineux et les savanes arborées.
Hébergement, nourriture et élevage : Tenus dans de grandes cages ou dans des volières, les Amadines cous-coupés sont relativement paisibles en dehors de la période d'incubation. Mais durant la couvaison, ils peuvent se montrer très agressifs envers les autres locataires. C'est pourquoi, pour l'élevage, il est conseillé d'isoler le couple dans une volière à part. Alors que l'entretien en soi est vraiment facile, l'élevage, lui, ne réussit pas du premier coup. La condition de cette réussite passe entre autres par une alimentation incluant de la nourriture animale.
Recommandation : Convient bien aux débutants.
Particularités : Les Amadines cous-coupés semblent plus sujets au mal de ponte que d'autres oiseaux exotiques. Il faut donc veiller à donner au couple reproducteur une nourriture riche en vitamines et en minéraux.
Espèces proches : L'Amadine à tête rouge (*Amadina erythrocephala*), 14 cm, habite les régions sèches de l'Afrique du Sud et s'adapte même aux conditions de vie du désert du Kalahari. Pour couver, elle utilise souvent les nids non occupés des tisserins.

Beaumarquet melba *(Pytilia melba)*

Caractéristiques : taille 13 cm. Bec et pattes rouges ou brun rougeâtre. Front et gorge rouges, le reste du plumage de la tête verdâtre. Poitrine et dessous du cou jaune-vert, partie inférieure du corps rayée de blanc et de vert olive foncé. Dessus également vert olive, à l'exception du croupion et des rémiges primaires, qui sont rougeâtres. Femelle semblable au mâle, mais n'a pas les taches rouges sur la tête ni la poitrine vert olive tirant sur le jaune.
Aire de répartition et habitat : Toute l'Afrique au sud du Sahara dans les savanes d'épineux.
Hébergement, nourriture et élevage : Les Beaumarquets melbas se montrent parfois malheureusement assez brutaux envers les autres locataires, surtout si ces derniers portent une marque rouge sur la tête. C'est pourquoi, pour l'élevage, il est conseillé de mettre le couple dans une volière aménagée avec beaucoup de cachettes. Comme leur bec pointu, en forme de pincettes, le laisse supposer, les Beaumarquets melbas se nourrissent exclusivement de petites graines semi-mûres, d'insectes et d'araignées.
Recommandation : Ne convient pas vraiment aux débutants.
Particularités : On compte beaucoup de races de Beaumarquets à l'intérieur de leur immense aire de répartition. Cette espèce est l'oiseau-hôte de la Veuve de paradis (*Steganura paradisea*).
Espèces proches : Le Beaumarquet aurore (*Pytilia phoenigoptera*), du Sénégal à l'Ouganda, est nettement plus pacifique, mais n'arbore pas de couleurs aussi belles que celles du Beaumarquet melba.

Sénégali vert *(Mandingoa nitidula)*

Caractéristiques : taille 10,5 cm. Bec noir à pointe rouge, pattes gris rougeâtre foncé. Côtés de la face, gorge, poitrine et croupion rouges ou orange selon les espèces, dessus vert mousse. Partie inférieure du corps gris-noir, parsemée de nombreux points blancs plus ou moins gros. Chez la femelle, les parties qui chez le mâle sont rouges ou orange sont vert olive, et chez une seule sous-espèce seulement, menton, lore et région des yeux sont également rougeâtres.

Aire de répartition et habitat : De la Sierra Leone au nord-est de la République démocratique du Congo et jusqu'en Ouganda dans les clairières, en bordure des forêts vierges et les plantations laissées à l'abandon.
Hébergement, nourriture et élevage : Les Sénégalis verts doivent être installés dans des volières, plus conformes à leur espace vital d'origine, aménagées avec des plantes. Comme ce sont des oiseaux très pacifiques, il ne faut les associer qu'avec d'aussi petites espèces qu'elles. Pour rester en bonne santé, ils ont besoin d'une alimentation variée constituée de nourriture vivante, comme des vers de farine, des chrysalides de fourmis, des vers blancs, des mouches et autres insectes...
Recommandation : Ne convient absolument pas aux débutants.
Particularités : Les Sénégalis verts sont, depuis des années, régulièrement proposés à la vente. Mais il faut reconnaître que leur entretien et surtout leur élevage restent encore très problématiques. D'où l'importance de bien réfléchir avant de s'en procurer.

Astrild cendré *(Estrilda troglodytes)*

Caractéristiques : taille 10 cm. Bec rouge, pattes gris foncé. Lores et trait englobant l'œil également rouges, tache rose au milieu du ventre. Queue et sus-caudales noires. Toutes les autres zones du plumage arborent diverses teintes de brun et de gris cendré, avec le plus souvent de fines stries ondulées. Mâle et femelle ont la même couleur.

Aire de répartition et habitat : Nord de l'Afrique tropicale, du Sénégal à l'Éthiopie et l'Érythrée, puis en direction du sud, jusqu'en Ouganda. Vit de préférence dans les taillis touffus, le long des routes et des cours d'eau.
Hébergement, nourriture et élevage : L'élevage en cage ou en volière et l'association avec d'autres oiseaux exotiques ne posent pas de problèmes particuliers. En dehors de la période d'incubation, l'Astrild cendré ne consomme que peu de nourriture animale à côté de la verdure et des diverses sortes de millet à petites graines, en épis et en grappes. Mais quand il couve, il en fait une beaucoup plus grande consommation. Les jeunes ne seront correctement élevés que si un choix varié de nourriture vivante leur est proposé.
Recommandation : Convient, sous conditions, aux débutants.
Particularités : Il n'est pas rare que les Astrilds cendrés construisent sur le toit de leur nid un deuxième nid, dont on suppose qu'il a pour fonction de détourner de la nichée d'éventuels ennemis.
Espèces proches : Très proche et ayant pratiquement les mêmes exigences : l'Astrild ondulé (*Estrilda astrild*), aux couleurs plus contrastées, qui vit dans presque toute la partie de l'Afrique au sud du Sahara et dans beaucoup de pays du monde où l'espèce a été naturalisée. On trouve également souvent le très distingué Astrild à joues orange (*Estrilda melpoda*), qui vit du Sénégal à l'Angola, surtout dans les hautes herbes et les taillis.

Amarante du Sénégal *(Lagonosticta senegala)*

Caractéristiques : taille 9,5 cm. Pattes brun rougeâtre. Bec rouge, de même que la tête et tout le dessous du corps. Nuque et reste du corps sur le dessus brun rougeâtre. Sur les flancs et le côté de la poitrine, pointillés blancs, qui peuvent manquer chez certains animaux. La femelle a tout le plumage brun avec les lores et le dessus des yeux rouges.
Aire de répartition et habitat : Pratiquement toute l'Afrique au sud du Sahara, aussi bien dans les savanes d'épineux et en bordure de forêt qu'au milieu des villages.
Hébergement, nourriture et élevage : La cage et la volière leur conviennent tout autant. Alors qu'ils sont pacifiques et faciles une fois qu'ils se sont bien acclimatés, leur caractère peut, au tout début, être très influencé par les températures. La nourriture de base se compose de diverses variétés de millet à petits

grains, de millet à grappes et de verdure, complétée à l'époque de l'incubation par de la pâtée à l'œuf et de la nourriture vivante variée. Les Amarantes du Sénégal ne se montrent cependant pas aussi exigeants dans le choix de leur nourriture d'élevage que les Astrilds cendrés, par exemple, décrits plus haut.
Recommandation : Convient aux débutants, sous conditions.
Particularités : L'Amarante du Sénégal s'est, mieux qu'aucun autre oiseau exotique africain, accoutumé à la présence de l'homme et il va même jusqu'à nicher régulièrement sur les façades des maisons. Ces Amarantes sont utilisés comme oiseaux-hôtes par le Combassou du Sénégal (*Hypochaera chalybeata*).
Espèces proches : Il existe en Afrique un grand nombre d'autres espèces d'Amarantes. Les plus souvent proposées actuellement sont l'Amarante foncé (*Lagonosticta rubricata*) et l'Amarante vineux (*Lagonosticta vinacea*).

Sénégali enflammé *(Hypargos niveoguttatus)*

Caractéristiques : taille 12,5 cm. Bec bleuâtre, pattes gris-bleu. Front, couronne, nuque et reste de la partie supérieure brun intermédiaire, croupion et rémiges primaires rouges, queue noire. Côtés de la tête, gorge, cou et poitrine rouges, dessous du corps noir, marqué de grosses taches blanches le long des flancs. Le pourtour des yeux est d'un bleu clair remarquable. La femelle est semblable au mâle, mais avec un plumage aux couleurs un peu plus ternes, dont les parties rouges se limitent à la région de la gorge et de la poitrine.
Aire de répartition et habitat : Afrique orientale, cachés dans l'épaisseur des taillis, le long des cours d'eau et en bordure de forêt. Ils évoluent en général près du sol.
Hébergement, nourriture et élevage : Ce sont des oiseaux paisibles qui peuvent être logés en couple dans une grande cage, à condition qu'elle soit aménagée avec suffisamment de cachettes. Dans une volière avec d'autres oiseaux, ils peuvent, au moment de l'incubation, se montrer vraiment agressifs envers des espèces arborant des parties de plumage rouges. Pour l'élevage des jeunes, verdure et insectes vivants sont obligatoirement inscrits au menu.
Recommandation : Ne convient pas vraiment aux débutants.

Particularités : Comme les Sénégalis enflammés aiment rester posés sur le sol pour y trouver leur nourriture, présentez-la-leur dans de grandes coupes plates que vous poserez sur le sol de la cage ou de la volière.

Sénégali sanguin *(Spermophaga haematina)*

Caractéristiques : taille 12 cm. Bec bleuâtre avec la pointe rouge, pattes gris-bleu foncé. Gorge et poitrine d'un rouge éclatant, reste du plumage noir brillant. Chez la femelle, à la différence du mâle, les côtés de la tête sont aussi teintés de rouge, mais ses couleurs n'ont pas autant d'éclat. Tout le dessous du corps est moucheté de blanc.
Aire de répartition et habitat : Du Sénégal et du Ghana jusqu'à la République démocratique du Congo et vers l'Ouganda. Les Sénégalis sanguins vivent dans la végétation dense des clairières, des bordures de forêts, des forêts secondaires et des plantations en friches.
Hébergement, nourriture et élevage : Dans la phase d'adaptation spécialement, ils se montrent craintifs et tourmentés. C'est pourquoi ils doivent être placés le plus vite possible dans une grande volière avec une forte densité de végétation. Contrairement à ce que leur puissant bec conique laisserait supposer, ils ont besoin de petites graines tendres, de verdure et d'une offre variée de nourriture animale. Seules des personnes expérimentées sont à même de réussir leur élevage.
Recommandation : Ne convient absolument pas à des débutants.
Particularités : Les Sénégalis sanguins aiment particulièrement l'eau.

Répondez à leur besoin en mettant chaque jour à leur disposition de l'eau fraîche pour le bain.

Cordon-bleu violacé *(Granatina ianthinogaster)*

Caractéristiques : taille 14,5 cm. Bec rouge, pattes gris-noir. Pourtour des yeux, menton et presque tout le dessous du corps bleu violacé. Région du croupion et rémiges primaires également violettes, reste du plumage brun-rouge. Chez la femelle, la région oculaire est blanchâtre, et la partie inférieure du corps est marquée de taches et de zébrures blanches. Les zones brun-rouge du plumage sont un peu plus claires et plus ternes.
Aire de répartition et habitat : Afrique orientale, de l'Éthiopie à la Tanzanie, dans les savanes d'épineux. Aime bien également s'établir dans les rangées de buissons bordant les routes.
Hébergement, nourriture et élevage : Il est possible de les garder aussi bien en cage qu'en volière. Comme habitants de vastes territoires découverts, les Cordons-bleus violacés ont besoin de beaucoup de lumière et de chaleur, le mieux étant l'exposition directe aux rayons du soleil. Ils ne sont agressifs, pendant la période d'incubation, qu'envers leurs congénères et les espèces proches, telles que les Cordons-bleus à joues rouges. Il leur faut aussi, comme les autres, consommer une grande quantité d'aliments d'origine animale, spécialement durant la couvaison et l'élevage des petits.
Recommandation : Ne convient pas vraiment aux débutants.
Particularités : Le chant du mâle est étonnamment varié et mélodieux. Lors de la parade nuptiale, il porte dans son bec une petite plume, symbole du nid. Le Cordon-bleu violacé est l'oiseau-hôte de la Veuve de Fischer (*Tetraenura fischeri*).
Espèces proches : Plus au sud de l'Afrique, le représentant de cette espèce est le Cordon-bleu grenadin (*Granatina granatina*), également magnifique mais encore plus délicat.

Cordon-bleu à joues rouges *(Uraeginthus bengalus)*

Caractéristiques : taille 12 cm. Bec rougeâtre avec l'extrémité noire, pattes couleur chair. Côtés de la tête et dessous du corps bleu ciel,

comme le croupion et la queue. Signe particulier remarquable : une belle tache d'un rouge éclatant sur la joue. La femelle en est dépourvue, et chez elle, le bleu est plus pâle et se limite aux côtés de la tête, au cou et à la poitrine ainsi qu'aux rémiges primaires.

Aire de répartition et habitat : De l'est du Sénégal à l'Éthiopie et au Kenya, et, en descendant vers le sud, jusqu'en Angola. L'habitat des Cordons-bleus à joues rouges est très diversifié. On les trouve aussi bien dans les savanes et les bosquets qu'en bordure de forêt, sur les terres cultivées et même dans les jardins.

Hébergement, nourriture et élevage : Une fois qu'ils se sont bien adaptés, ce sont des oiseaux faciles et paisibles qui vivent très bien en cage ou en communauté dans une volière. Et pour l'élevage des jeunes, ils ont eux aussi besoin d'une nourriture vivante variée.

Recommandation : Convient, sous conditions, aux débutants.

Particularités : Les Cordons-bleus à joues rouges construisent souvent leur nid à proximité d'essaims d'abeilles ou de nids guêpes. Les avantages défensifs que présente un tel voisinage se passent d'explications !

Espèces proches : L'Afrique orientale abrite deux autres espèces de Cordons-bleus à joues rouges. Le Cordon-bleu d'Angola « niassensis » mâle (*Uraeginthus angolensis*) se distingue de son parent par l'absence de marque rouge sur la joue. Les femelles des deux espèces sont difficiles à identifier, tant elles se ressemblent. Chez le Cordon-bleu cyanocéphale (*Uraeginthus cyanocephalus*), qui vit des savanes sèches d'Éthiopie jusqu'en Tanzanie, le front, la couronne et la nuque sont bleus.

Bengali zébré *(Sporaeginthus subflavus)*

Caractéristiques : taille 9 cm. Bec rouge avec des bandes noires. Pattes couleur chair. Trait rouge au-dessus de l'œil du bec à la nuque. Croupion et rémiges primaires également rouges, dessus du corps vert-gris foncé. Le dessous est jaune d'or et, selon les sous-espèces, est parfois mêlé de plumes d'un rouge orangé éclatant. La femelle n'a pas le trait rouge au-dessus de l'œil et la teinte orange se limite au croupion et aux rémiges primaires.
Aire de répartition et habitat : L'Afrique, au sud du Sahara, à l'exception des forêts vierges de l'ouest et du centre. Les Bengalis zébrés habitent de préférence les régions un peu plus humides. C'est pourquoi on les trouve souvent dans les roseaux et les papyrus poussant en bordure des eaux stagnantes, dans les plantations de riz et sur les terrains herbeux humides.
Hébergement, nourriture et élevage : Bien que minuscules, les Bengalis zébrés font partie des oiseaux exotiques les plus robustes d'Afrique. Il n'y a pas de difficulté à les faire vivre en cage ou dans une volière, associés à d'autres oiseaux exotiques. Des millets à petits grains, des graines germées, beaucoup de verdure et un peu de nourriture vivante suffisent pour leur assurer une nourriture équilibrée. Un couple harmonieux pourra avec de tels moyens élever sans problème sa progéniture.
Recommandation : Convient aux débutants, sous conditions.
Particularités : Les Bengalis zébrés font partie de ces espèces d'oiseaux exotiques qui ne construisent que rarement leur propre nid mais préfèrent transformer pour leur usage les nids abandonnés par leurs occupants. C'est pourquoi ils apprécient qu'il y ait dans la volière de petites corbeilles de rotin tressées.

Bengali rouge *(Amandava amandava)*

Caractéristiques : taille 9,5 cm. Bec avec bandes noires, pattes brun rougeâtre. Dessus des yeux, côtés de la tête, gorge, poitrine, croupion et rémiges primaires rouges. Ventre et queue noirs, dessus du corps de grisâtre à brun rougeâtre. Presque tout le plumage est moucheté de blanc. Chez le mâle et la femelle, la teinte rouge, en dehors de la période de reproduction, se limite au croupion et aux rémiges primaires.

Aire de répartition et habitat : L'Inde et une grande partie de l'Asie du Sud-Est. Le Bengali rouge vit dans les régions herbeuses humides, là où poussent des roseaux, dans les rizières, mais aussi dans les buissons au bord des chemins et dans les jardins.
Hébergement, nourriture et élevage : La cage ou la volière leur conviennent. Ils se tiennent souvent sur le sol, d'où l'importance de leur ménager une surface dépourvue de végétation ! Pour ce qui concerne leur nourriture, ils ont les mêmes exigences que les Bengalis zébrés : contrairement à beaucoup d'espèces africaines d'oiseaux exotiques, ils se contentent d'une faible quantité de nourriture vivante. Associés à d'autres locataires de la volière, ils se montrent pacifiques, y compris durant la période d'incubation.
Recommandation : Convient bien aux débutants.
Particularités : Les mâles sont les seuls parmi les espèces d'oiseaux exotiques à revêtir un « habit » spécial à la saison des amours.
Espèces proches : Le Bengali vert (*Stictospiza formosa*), 11 cm, vert olive, originaire d'Inde, est certes assez différent d'aspect, mais il s'entretient et se nourrit exactement comme le Bengali rouge.

Diamant à gouttelettes *(Stagonopleura guttata)*

Caractéristiques : taille 12 cm. Bec rouge, pattes gris rougeâtre. Tête gris clair avec lores noires, dessus brun avec les plumes du croupion rouge vif. Dessous blanc avec une large bande noire sur la poitrine, flancs également noirs mouchetés de gros points blancs. Mâle et femelle sont de même couleur.
Aire de répartition et habitat : Sud et sud-est de l'Australie. Les Diamants à gouttelettes habitent les forêts sèches peu denses aux arbres hauts, à proximité de points d'eau.
Hébergement, nourriture et élevage : Tenus seulement en cage, nombre d'entre eux ont tendance à rester inactifs et à s'engraisser. Mieux vaut donc les installer dans une volière, où certains couples en train de nicher peuvent cependant se montrer parfois vraiment agressifs envers leurs congénères. En dehors de la couvaison, ils n'ont pas d'exigences alimentaires particulières, mais ont besoin de beaucoup de nourriture animale pour élever leurs petits.

Recommandation : Convient bien aux débutants.
Particularités : Parmi toutes les espèces d'oiseaux exotiques, ce sont les Diamants à gouttelettes qui construisent les nids les plus volumineux. Il faut donc pour cela mettre à leur disposition suffisamment de matériaux et de grands nichoirs.

Diamant à queue rousse *(Bathilda ruficauda)*

Caractéristiques : taille 12 cm. Bec rouge, pattes jaune orangé. Masque rouge, dessus, gorge et poitrine vert-de-gris, dessous jaunâtre. Rémiges primaires rouge vineux marquées de stries claires. Les côtés de la tête jusqu'à la poitrine et aux flancs sont piqués de nombreux points blancs de grosseurs différentes. La femelle arbore les mêmes teintes que le mâle, mais son masque rouge est plus petit.
Aire de répartition et habitat : Nord de l'Australie. Les Diamants à queue rousse vivent dans les vastes régions plantées de roseaux, les zones herbeuses humides parsemées de quelques arbres et buissons, les rizières et les plantations de cannes à sucre.
Hébergement, nourriture et élevage : On peut les loger indifféremment en cage et en volière. Leur nature calme et pacifique et leur peu d'exigences en matière d'alimentation en font des oiseaux faciles à élever. C'est seulement pour l'élevage de leurs petits qu'il faut leur donner à manger des vers de farine et autre nourriture vivante.
Recommandation : Convient bien aux débutants.
Particularités : Les griffes de ces oiseaux, qui vivent parmi les herbes et les roseaux, ont tendance à pousser exagérément, et l'usure naturelle souvent n'est pas suffisante. C'est pourquoi il est important, chez cette espèce, de contrôler régulièrement l'état des griffes et de les couper, si nécessaire, à l'aide d'un coupe-ongle.

Diamant de Bichenov *(Stizoptera bichenovii)*

Caractéristiques : taille 10,5 cm. Bec gris-bleu clair, pattes gris foncé. Côtés de la tête et totalité du dessous du corps blancs, teinte jaunâtre vers le ventre et les sous-caudales. Front noir. Noire également la bande qui s'étire en formant un cercle qui délimite jusqu'à la gorge les

côtés tout blancs de la tête. Une autre bande noire barre aussi la poitrine. Le dessus, excepté la région, blanche, du croupion, est brun-gris avec de fines ondulations plus foncées. Ailes et queue noires, les premières étant parsemées de nombreuses taches blanches de forme rectangulaires. Les teintes du mâle et de la femelle sont identiques.
Aire de répartition et habitat : Nord et est de l'Australie. Habite les territoires herbeux plantés d'arbres et de buissons, et les jardins.
Hébergement, nourriture et élevage : La cage convient bien aux Diamants de Bichenov. Ils se montrent très sociables en volière et peuvent même y vivre à plusieurs couples. Ils sont assez sensibles aux variations importantes des températures. Ils n'ont pas pour se nourrir autant d'exigences que les Diamants mandarins, leurs proches parents. Les jeunes sont élevés avec de la nourriture animale, pâtée à base d'œuf et vers de farine.
Recommandation : Convient aux débutants, sous conditions.
Particularités : Comme beaucoup d'oiseaux exotiques d'Australie, les Diamants de Bichenov – lorsqu'ils se sont décidés à se reproduire – enchaînent couvée sur couvée. Pour éviter qu'ils ne s'affaiblissent trop, faites en sorte qu'ils se limitent à trois couvées consécutives maximum.

Diamant à longue queue *(Poephila acuticauda)*

Caractéristiques : Peut atteindre 17 cm de long, les deux rectrices filiformes incluses. Bec et pattes rouges ou jaunes selon les sous-espèces. Les lores, la grande bavette ornant sa gorge et la large bande du croupion aux flancs sont noires. Tête gris pastel clair, reste du plumage brun tendre ou brun-gris. Il n'y a pas de différence de couleur entre le mâle et la femelle.

Aire de répartition et habitat : Nord et nord-est de l'Australie. Vit dans les savanes arborées et les forêts sèches d'eucalyptus.

Hébergement, nourriture et élevage : Une cage bien grande leur convient très bien. Placés en volière, les Diamants à longue queue peuvent, quand ils couvent, se montrer agressifs envers leurs semblables. En dehors de la période d'incubation, vous pouvez nourrir vos oiseaux avec un mélange de graines, beaucoup de verdure et un peu de pâtée à l'œuf. Mais, quand ils élèvent leurs petits, donnez-leur au moins quelques vers de farine chaque jour.

Recommandation : Convient bien aux débutants.

Particularités : Comme presque tous les oiseaux exotiques d'Australie, les Diamants à longue queue maîtrisent la technique d'aspiration de l'eau, qui consiste à boire la quantité d'eau nécessaire en une seule gorgée, sans avoir besoin pour cela de lever la tête, comme le font les poules.

Espèces proches : Le Diamant à bavette (*Poephila cincta*) et le Diamant masqué (*Poephila personata*) sont de proches parents des Diamants à longue queue. Alors que l'on peut sans problème élever la première de ces deux espèces en la logeant aussi bien en cage qu'en volière, la deuxième est en revanche plus difficile et requiert de son propriétaire des compétences plus larges.

Diamant tricolore *(Amblynura trichroa)*

Caractéristiques : taille 12 cm. Bec noir, pattes couleur chair. Masque bleu, croupion, rémiges primaires et rectrices rouges, reste du plumage vert. Mâle et femelle de même couleur.

Aire de répartition et habitat : Archipel des Moluques, Célèbes, Nouvelle-Guinée, nord de l'Australie et quelques petites îles du Pacifique. Les Diamants tricolores vivent surtout en bordure des forêts, dans les clairières, les plantations, les parcs et les jardins.

Hébergement, nourriture et élevage : Comme leurs proches parents, ce sont des oiseaux extrêmement vifs qui ne se sentent bien que dans de vastes volières avec une végétation bien fournie. Conditions indispensables pour leur permettre d'élever sans difficulté leur progéniture. Leur régime alimentaire est pratiquement le même que celui des autres

espèces australiennes d'oiseaux exotiques. Ils apprécient toujours, également pour l'élevage des petits, les graines semi-mûres des différentes sortes de millet et de graminées.

Recommandation : Convient aux débutants, sous conditions.

Particularités : Même si le Diamant tricolore n'est pas encore tout à fait un animal domestique, on peut dire que, comme d'autres oiseaux exotiques d'Australie, il est en passe de le devenir. Divers coloris ont entre-temps fait leur apparition lors d'expositions ornithologiques.

Espèces proches : Le très beau Diamant psittaculaire (*Erythrura psittacea*), originaire de Nouvelle-Calédonie, a pratiquement les mêmes exigences de soins et de nourriture que le Diamant tricolore (voir photo page 63).

Diamant de Gould *(Chloebia gouldiae)*

Caractéristiques : Ses 14 cm incluent les deux longues plumes de la queue. Bec clair couleur de la corne, avec la pointe rouge, pattes couleur chair. Masque noir, rouge vif ou jaune orangé avec une partie du menton noire. Poitrine lilas, reste du dessous du corps jaune. Une bande bleu clair s'étire autour du masque et au-dessus de la région de la gorge. Également bleu clair le croupion et les rémiges primaires, le reste du dessus étant vert. La femelle ressemble au mâle, mais les plumes lilas de sa poitrine et le jaune du dessous sont plus pâles.

Aire de répartition et habitat : Nord de l'Australie. Les Diamants de Gould habitent de préférence les terrains dégagés plantés d'eucalyptus,

à proximité de points d'eau.
Hébergement, nourriture et élevage : Autrefois réputés comme oiseaux difficiles, ils sont aujourd'hui élevés en cage ou en volière même par des amateurs peu expérimentés. Si vous pouvez leur offrir beaucoup de place et de possibilités de nicher, les loger et les élever avec de nombreux compagnons n'est pas seulement faisable mais encore fortement recommandé. Les Diamants de Gould d'élevage n'ont plus les mêmes besoins de chaleur que leurs congénères vivant à l'état sauvage. À côté du classique mélange de graines, essentiellement servies germées, des épis de millet et de verdure en grande quantité, ils n'ont besoin que de pâtée à l'œuf et peut-être de vers de farine pour l'élevage de leurs petits.
Recommandation : Convient aux débutants, sous conditions.
Particularités : Les Diamants de Gould sont de loin les plus colorés des oiseaux exotiques. Même à l'état sauvage, on les trouve dans les trois variantes de couleurs : à tête noire, à tête rouge et orange – ou à tête jaune. Et on ne compte plus la remarquable diversité des coloris que les éleveurs ont obtenus par la sélection.

Capucin à dos marron *(Munia malacca)*

Caractéristiques : taille 12 cm. Bec gris pastel clair, pattes gris foncé. Tête et poitrail, ventre et sous-caudales noirs. Reste du plumage marron. Une sous-espèce, appelée Capucin d'Inde (*Munia malacca malacca*) a le bas de la poitrine et les flancs blancs.
Aire de répartition et habitat : De l'Inde jusqu'à la Chine et les îles indonésiennes. Les Capucins à dos marron vivent presque exclusivement dans les forêts de bambous, les roseaux, les hautes herbes et les rizières.
Hébergement, nourriture et élevage : Un couple tout seul dans une cage s'ennuie et paresse. C'est dans une volière densément peuplée de compagnons et plantée de bambous, de roseaux et d'autres plantes encore que ces oiseaux pourront s'épanouir pleinement. Dans de telles conditions, il est possible d'envisager qu'ils se reproduisent, mais, si l'espèce est facile à entretenir, l'élevage lui n'est que rarement couronné de succès. Les Capucins à dos marron et les espèces proches sont presque complètement végétariens. Ils n'ont en général pas besoin de nourriture animale, même en période d'incubation.
Recommandation : Convient bien aux débutants.
Particularités : Si vous voyez chanter vos Capucins à dos marron, mais que vous ne les entendiez pas, ne vous inquiétez pas, ça ne vient pas de votre ouïe. La plupart des sons émis par ces Capucins sont des ultrasons, donc imperceptibles par l'oreille humaine !
Espèces proches : On trouve fréquemment une autre espèce de cette grande famille d'oiseaux : le magnifique Capucin à tête blanche (*Munia maja*), de Malaisie, Sumatra, Java et Bali.

Capucin damier *(Lonchura pustulata)*

Caractéristiques : taille 12 cm. Bec noir ou couleur de plomb, pattes gris foncé. Tête, menton, gorge et tout le dessus du corps marron foncé. Dessous blanchâtre, dont les plumes sur la poitrine et les flancs possèdent des ourlets brun foncé qui donnent l'impression que cette partie du corps est couverte d'écailles. Le mâle et la femelle ne se distinguent ni par la couleur ni par le dessin du plumage.
Aire de répartition et habitat : Asie du Sud et du Sud-Est jusqu'aux

Philippines. Cette espèce, tout à fait capable de s'adapter, se rencontre dans tous les genres de lieux de vie, y compris dans les grands centres urbains.

Hébergement, nourriture et élevage : Semblables aux Capucins à dos marron, les Capucins damiers apprécient la vie en groupe dans une volière. Ils se montrent pacifiques, même à l'égard de locataires d'espèces différentes. L'élevage aura toutes les chances de réussir si les oiseaux ont la possibilité de choisir librement leur partenaire parmi les habitants de la volière. Les Capucins damiers, même pendant la période d'élevage, ne consomment que peu de protéines d'origine animale.

Recommandation : Convient bien aux débutants.

Particularités : Les Capucins damiers ont parfois un comportement étrange, qu'on ne s'explique pas encore, qu'on pourrait appeler « chanter devant d'un auditoire ». Autour d'un mâle qui chante se rassemblent souvent un ou plusieurs congénères qui s'inclinent devant lui en écoutant dans une sorte de recueillement...

Capucin domino *(Lonchura striata)*

Caractéristiques : taille 12 cm. Mandibule supérieure noire, inférieure gris clair, pattes gris foncé. Tête et gorge brun-noir, chez certaines sous-espèces avec des striures claires. La région du croupion et le ventre blanchâtres, souvent avec un dessin plus sombre en forme d'écailles. Mâle et femelle sont de même couleur.

Aire de répartition et habitat : De l'Inde jusqu'à la Chine, la Malaisie et Sumatra. Les Capucins dominos se montrent souples dans le choix de leur habitat et peuvent vivre aussi bien en bordure de forêt et dans les taillis que dans les rizières et les jardins des zones urbaines.
Hébergement, nourriture et élevage : Contrairement aux Capucins damiers, espèce qui leur est proche, ces oiseaux peuvent très bien être élevés en couple dans une cage. Leur menu doit toujours comporter beaucoup de graines germées et de verdure. Avec un tel régime, complété par de la pâtée à l'œuf, ils pourront sans problème élever leurs petits.
Recommandation : Convient bien aux débutants.
Particularités : La forme domestique du Moineau du Japon est issue du Capucin domino, en partie par croisement d'espèces parentes.

Capucin nonnette *(Spermestes cucullatus)*

Caractéristiques : taille 9 cm. Mandibule supérieure noire, inférieure gris pastel clair, pattes gris foncé. Tête, menton, gorge et poitrail noirs avec un éclat métallique. Dessus brun-gris, excepté le croupion, blanc avec des rayures foncées. Dessous blanc avec des dessins sombres sur les flancs et les sous-caudales. Trait particulier : une tache aux reflets vert métallique sur l'épaule. Mâle et femelle sont absolument identiques au niveau des couleurs.
Aire de répartition et habitat : L'Afrique au sud du Sahara. Ils s'adaptent sans difficulté et leur habitat est très diversifié, savanes, bordure de forêt, clairières, rives de cours d'eau, plantations et jardins.
Hébergement, nourriture et élevage : Les Capucins nonnettes sont faciles d'entretien. Cage et volière leur conviennent. Tous cependant ne se comportent pas de la même manière vis-à-vis des autres occupants de la volière. Alors que certains cohabitent sans encombre avec leurs congénères, d'autres individus en revanche se révèlent véritablement agressifs à la période d'incubation et doivent être impérativement retirés du groupe. Il faut, quoi qu'il en soit, rester vigilant. Les Capucins nonnettes ont besoin de plus de protéines animales pour élever leur progéniture que les autres Capucins évoqués plus haut.
Recommandation : Convient bien aux débutants.
Particularités : Lors de disputes avec des congénères, ils écartent l'aile du côté opposé au flanc de l'adversaire, en signe de menace.

Espèces proches : Les différentes sous-espèces du Capucin bicolore (*Spermestes bicolor*) sont à peu près de même taille et aussi querelleuses. La plus paisible d'entre elles, semble-t-il, et aussi la plus grande avec ses 12 cm environ, est le Capucin pie (*Spermestes fringilloides*).

Capucin bec-d'argent *(Euodice cantans)*

Caractéristiques : taille 11 cm. Bec gris argenté, pattes couleur chair grisâtre. Tête, gorge et nuque couleur rouille, ailes et dos brun intermédiaire, croupion, rémiges primaires et queue brun tirant sur le noir. Dessous du corps de beige à blanc. Le pourtour bleu pâle des yeux est remarquable. Le mâle et la femelle ont la même couleur de plumage.
Aire de répartition et habitat : Du Sénégal à l'Éthiopie et l'Érythrée, et plus au sud jusqu'à la Tanzanie. Les Capucins bec-d'argent habitent de préférence dans les savanes d'épineux et les savanes arborées, les terres agricoles et les jardins.
Hébergement, nourriture et élevage : Ils ne brillent pas forcément par leurs couleurs, mais ils compensent largement par leur caractère agréable. On peut les faire vivre et les élever aussi bien en couple dans une cage qu'en groupe dans une volière d'ensemble. En dehors de la période d'incubation, leur régime est presque exclusivement végétarien. L'alimentation de base se compose d'un bon mélange de millet, de millet en grappe, de graines germées et de beaucoup de verdure. Même durant la période d'incubation, beaucoup de couples dédaignent

toute forme de nourriture animale. Mais vous devriez quand même – on ne sait jamais – leur proposer au moins un peu de pâtée à l'œuf et quelques vers de farine pour les aider à élever leurs petits.

Recommandation : Convient bien aux débutants.

Particularités : Le Capucin bec-d'argent forme avec le Capucin bec-de-plomb (Euodice malabarica) un couple d'espèces dites jumelles. Ce sont des espèces qui, il y a relativement peu de temps de cela, se sont éloignées l'une de l'autre au cours de leur évolution et se sont développées dans des directions différentes. On peut dire dans une certaine mesure qu'elles « n'ont pas encore eu le temps » de creuser leurs différences d'aspect et de comportement et qu'elles se ressemblent donc encore comme deux gouttes d'eau.

Espèces proches : Le Capucin bec-de-plomb, déjà évoqué, ne se distingue du Capucin bec-d'argent que par les plumes blanches de son croupion. Il vit en Inde, au Pakistan et au Sri Lanka.

Index

A

Achat 22, 18
Alimentation 42
Amadina erythrocephala 68
- *fasciata* 68
Amandava amandava 77
Amadine cou-coupé 68
Amarante du Sénégal 72
Amblynura psittacea 82
- *trichroa* 81
Aspergillose 60
Astrild cendré 71

B

Baignoires 35
Bathilda ruficauda 79
Beaumarquet melba 70
Bec 57
Bengali 66
Bengali rouge 77
Bengali zébré 77
Blessures 57
Branches 37

C

Cage 22, 25, 26
Calfat 67
Capucin à dos marron 84
Capucin bec-d'argent 87
Capucin domino 85
Capucin nonnette 86
Chambre à oiseaux 29
Champignons 60
Chats 21
Chiens 21
Chlamydias 61
Chloebia gouldiae 82
Coccidiose 60
Compléments alimentaires 45
Cordon-bleu à joues rouges 75
Cordon-bleu violacé 75
Couvées 53

D

Diamant à queue rousse 79
Diamant à gouttelettes 78
Diamant à longue queue 80
Diamant de Bichenov 79
Diamant de Gould 82
Diamant mandarin 65
Diamant tricolore 81
Distributeurs automatiques 35

E

Eau 44
Élevage des petits 14
Émetteur d'ultraviolets 38
Enfants 20
Estrilda astrild 72
- *melpoda* 72
- *troglodytes* 71
Euodice cantans 87
- *malabarica* 88

G

Graines 42
Graines germées 44
Graminées 45
Granatina granatina 75
- *ianthinogaster* 75
Griffes 57

H

Humidificateur 37
Hygiène 20
Hypargos niveoguttatus 73
Hypochaera chalybeata 73

I

Incubation 14, 51

J

Jardin d'hiver 29, 31

L

Lagonosticta rubricata 73
- *senegala* 72
- *vinacea* 73
Lonchura pustulata 84
- *striata* 85
- *striata* var. *domestica* 66
Lumière 29

M
Maladies 54
Maladies virales 61
Mallophages 59
Mandingoa nitidula 70
Mélange de graines 42
Millet 42
Minéraux 47
Moineau du Japon 66
Munia maja 84
- *malacca* 84
- *malacca malacca* 84

N
Nichoirs 37, 50
Nid 51
Nourriture 42
Nourriture d'origine animale 45

O
Oisillons 15
Oligo-éléments 47
Os de seiche 47

P
Padda de java 67
Padda oryzivora 67
Papilles 15
Parasites 59
Parasitisme des couvées 17
Petits 48
Pierre à chaux 47
Plantes 37
Poephila acuticauda 80
- *cincta* 81
- *personata* 81
Poux rouges 59
Programmateur 38
Pytilia melba 70
- *phoenicoptera* 70

R
Revêtement du
fond de la cage 35

S
Sable 35
Salmonellose 60
Santé 20, 54
Sarcoptes 60
Sénégali enflammé 73
Sénégali sanguin 74
Sénégali vert 70
Spermestes bicolor 87
- *cucullatus* 86
- *fringilloides* 87
Spermophaga haematina 74
Sporaeginthus subflavus 77
Stagonopleura guttata 78
Steganura paradisea 70
Stictospiza formosa 78
Stizoptera bichenovii 79

T
Taeniopygia guttata 65
Test de la germination 42
Tetraenura fischeri 75
Thermomètre 38
Transport 25
Tubes fluorescents 37

U
Uraeginthus angolensis 76
- *bengalus* 75
- *cyanocephalus* 76

V
Vaporisateur 38
Verdure 45
Vers de farine 46
Veuves 16
Virus de l'herpes 61
Vitamines 47
Volière 30, 29, 31
Volière de jardin avec abri 32

Z
Zoonose 20

Bibliographie et Crédits

Bibliographie

ASCHENBORN, C. (1951) : Die Prachtfinken. Albrecht Philler Verlag, Minden.
BIELFELD, H. (1985) : Gouldamadinen. Verlag Eugen Ulmer, Stuttgart.
BIELFELD, H. (1988) : Beliebte Prachtfinken. Verlag Eugen Ulmer, Stuttgart.
BIELFELD, H. (1996) : Das Prachtfinkenbuch – Sämtliche Arten, ihre Haltung, Pflege und Zucht. Verlag Eugen Ulmer, Stuttgart.
CLEMENT, P., A. HARRIS & J. DAVIS (1993) : Finches and Sparrows. Christopher Helm Publishers, A. & C. Black, London.
GOODWIN, D. (1982) : Estrildid Finches of the World. London, Oxford University Press, Oxford.
IMMELMANN, K. 1960) : Im unbekannten Australien, dem Lande der Papageien und Prachtfinken. Verlag Jacob Helène, Pfungstadt.
IMMELMANN, K. (1968) : Der Zebrafink. A. Ziemsen Verlag, Wittenberg Lutherstadt.
IMMELMANN, K. (1982) : Australian Finches. Angus & Robertson Publishers, London, Sydney, Melbourne.
IMMELMANN, K., J. STEINBACHER UND H. E. WOLTERS (1965) : Vögel in Käfig und Voliere. Prachtfinken, Erster Band : Astrilde. Verlag Hans Limberg, Aachen.
IMMELMANN, K, J. STEINBACHER UND H. E. WOLTERS (1977) : Vögel in Käfig und Voliere. Prachtfinken, Zweiter Band : Amadinen. Verlag Hans Limberg, Aachen.
JÖDICKE, R. (1984) : Prachtfinkenzüchtung. Verlag Eugen Ulmer, Stuttgart.
KLÖREN, H. (1983) : Zebrafinken. Horst Müller Verlag Walsrode, Walsrode.
KOEPFF, C. (1994) : Prachtfinken richtig pflegen und verstehen. Verlag Gräfe und Unzer, München.
MARTIN, H. J. (1984) : Zebrafinken. Verlag Gräfe und Unzer, München.
NICOLAI, J, STEINBACHER, J. ; HRSG. (2001) : Prachtfinken. Australien, Ozeanien, Südostasien. Verlag Eugen Ulmer, Stuttgart.
OPPENBORN, G. (1992) : Japanische Mövchen. Verlag Eugen Ulmer, Stuttgart.
ROBILLER, F. (1978) : Prachtfinken. Verlag J. Neumann-Neudamm, Melsungen.
ROGERS, C. H. (1986) : The World of Zebra Finches. Nimrod Press, Liss.
SCHLEUSSNER, G. (1996) : Bemerkenswerte Vogelzwerge von drei Kontinenten – Die Prachtfinken. Eigenverlag Wilhelma, Zoologisch-Botanischer Garten, Stuttgart.
WOLTERS, H. E. (1982) : Die Vogelarten der Erde. Verlag Paul Parey, Hamburg, Berlin.

Crédits photographiques

BIELFELD, Horst, Jameln : page 75.
HOFMANN, Gerhard & METTKE-HOFMANN, Claudia, Starnberg : couverture, Page 4, 7, 8, 9 gauche haut, 10, 15, 19, 23, 44, 46 haut, 49, 51, 52 (2), 53, 63, 69, 70 (2), 71 (2), 72, 73, 74 (2), 76, 77, 78 haut, 79, 82, 83, 85, 87, 88.
KUHN, Regina, Stuttgart : page 1 et, Page 27, 40, 43, 46 bas, 55, 65, 91.
LIETZOW, Eckhard, Enger : page 32.
MAYER, Horst, Walldorf : page 67, 78 bas, 80, 81, 84, 86.
OPPENBORN, Günter, Gehrden : page 17, 66.
SCHLEUSSNER, Günther, Langenburg : page 9 (2) droite et gauche bas, 14, 30.

Tous les dessins ont été réalisés par Christiane Gottschlich, Berlin, d'après les indications de l'auteur.

Notes personnelles

L'édition originale de ce livre a été publiée en allemand sous le titre :
« Prachtfinken », par Günther Schleussner

ISBN 2-84138-212-5

5, rue de Charonne
F-75011 Paris
Tél. 01 48 05 03 03
Fax 01 48 05 02 04
E-mail : ulmer@editions-ulmer.fr
Internet : www.editions-ulmer.fr
Traduction : Philippe Guibal
Réalisation de la couverture : Laurent Melin
Impression et reliure : Georg Appl, Wemding
N° d'édition : 212-01
Printed in Germany